感谢国家重点研发计划课题（2016YFC040110403）、沈阳市科技计划项目（21-108-9-31）和沈阳市中青年科技创新人才支持计划项目（RC220442）对本书的资助

水生态植物强化净化系统构建方法及应用

许翼　张华　曹小磊 ◎ 等著

企业管理出版社
EMPH ENTERPRISE MANAGEMENT PUBLISHING HOUSE

图书在版编目（CIP）数据

水生态植物强化净化系统构建方法及应用 / 许翼等著 . — 北京：企业管理出版社，2023.5

ISBN 978-7-5164-2836-8

Ⅰ . ①水… Ⅱ . ①许… Ⅲ . ①水生植物—强化—水质控制 Ⅳ . ① X52

中国国家版本馆 CIP 数据核字（2023）第 084218 号

书　　名：水生态植物强化净化系统构建方法及应用

书　　号：ISBN 978-7-5164-2836-8

作　　者：许 翼 张 华 曹小磊 等

策划编辑：赵喜勤

责任编辑：赵喜勤

出版发行：企业管理出版社

经　　销：新华书店

地　　址：北京市海淀区紫竹院南路 17 号　　邮编：100048

网　　址：http://www.emph.cn　　　　电子信箱：zhaoxq13@163.com

电　　话：编辑部（010）68420309　　发行部（010）68701816

印　　刷：北京厚诚则铭印刷科技有限公司

版　　次：2023 年 6 月第 1 版

印　　次：2023 年 6 月第 1 次印刷

开　　本：710mm×1000mm　　1/16

印　　张：12 印张

字　　数：174 千字

定　　价：78.00 元

版权所有　翻印必究·印装有误　负责调换

水生态植物强化净化系统
构建方法及应用

编委会

主　　编：许　翼　张　华　曹小磊　孙　莹　李子音

副主编：陈晓东　崔涤尘　单连斌　王　磊　袁英兰

编　　委：（按姓氏拼音排序）

　　　　　陈朝中　谌宏伟　孔德勇　李　军　梁润喆

　　　　　汪天祥　王洪金　王雪妮　王允妹　魏春飞

　　　　　杨欣怡　阳志文　张　帆　张　磊　张雷克

　　　　　张宇迪　赵　岩　赵勇娇

策　　划：许　翼　张　华

统　　稿：许　翼

在国家大力推动流域水环境治理和生态修复的背景下，充分利用生物间作用关系等来改善水体环境、修复生态系统已成为重要的治理模式。然而，由于植物群落构建方法缺失，人们在实际生态修复过程中所采用的修复系统往往功能单一，不能满足多功能综合需求。

本书从水生态系统的生产者水生植物入手，通过剖析不同污染负荷下水生植物的生长状态，明确水生植物群落在污染水体环境中的演替过程。同时，根据植物群落所引起的水体环境变化，寻求能够驱使污染水体向良性方向发展的植物组合类型。考虑到城市河道的污染特征和环境，本书基于生物生态降解原理，优化组合植物、多孔介质和原生微生物结构，并分析其水生态参数调控能力及生态环境效应，构建形成水生态植物强化净化系统，为水体环境治理与生态修复提供技术支撑。

全书共分为 8 章，第 1 章介绍了水生态植物强化净化系统的研究背景、国内外研究进展和研究内容；第 2 章通过梳理文献，调查了全国水生植物资源及工程常用的水生植物类型，提出了基于生境适应性评估的水生植物筛选方法；第 3 章和第 4 章分别对我国南、北方地区典型水生植物类型在静态水力条件下不同污水环境中的净化效能展开分析；第 5 章分析了动态水力条件下水生植物的净化效果；第 6 章基于生态学原理提出了水生植物优化配置方法，构建了水生植物群落优化配置在线平台；第 7 章综合运用配置方法形成了水生态植物强化净化系统，并通过试验明确了系统的净化效能及污水处理前后的微生物群落变化；第 8 章为研究总结。

在本书编写过程中，作者参考了国内外关于水生植物群落调查、植物净

1

化及系统评估等方面的文献资料，在相关研究推进过程中得到了沈阳环境科学研究院、卧龙湖开发区管理委员会等相关单位及领导的支持。本书还获得国家重点研发计划课题（2016YFC040110403）、沈阳市科技计划项目（21-108-9-31）和沈阳市中青年科技创新人才支持计划项目（RC220442）的资助，在此一并表示感谢。

受限于作者的学识和认知水平，本书难免存在不妥之处，敬请读者朋友批评指正。

作　者

2023 年 4 月

目 录

1

绪 论

1.1 引言

良好的城市河（湖）水体环境不仅是拉动区域经济发展的重要杠杆，同时也充当着地域文化的载体，与居民生活质量息息相关。随着我国城市化进程的加快，大量污染物外排进入水体，导致黑臭水体和水体富营养化等现象频繁出现，水生态系统严重失衡。党的十八大报告明确指出，"面对资源约束趋紧、环境污染加重、生态系统退化的严峻形势，必须树立尊重自然、顺应自然、保护自然的生态文明理念，必须把生态文明建设放在突出地位"。2015年4月，国务院印发《水污染防治行动计划》；2022年7月，住房和城乡建设部、生态环境部、国家发展和改革委员会、水利部印发《深入打好城市黑臭水体治理攻坚战实施方案》，要求全面整治污染水体、修复生态环境。为严格落实党中央、国务院决策部署要求，各级政府加大对各类污染源的整治力度，强化黑臭水体治理，实施了大规模的工程措施，有效提升了水环境质量。

然而，在大力控源截污之后，如何进一步有效保持和提升水环境质量，形成健康安全的生态系统，实现"有河有水、有鱼有草、人水和谐"，仍然是困扰人们的核心问题。控源截污是河湖水环境治理的关键，可以有效改善水环境质量，但对于地表水质考核断面达标而言，仅通过控源截污措施还不能确保考核断面稳定达标。即使污水收集率达到100%，现行的污水处理厂出水排放水质却仍可能停留在一级A标准，属于劣Ⅴ类水体。要达到地表水质标准，采用常规的污水处理工艺不仅耗能多，而且经济成本高，运行维护费用往往超出当前财政承受能力。不仅如此，城镇污水厂在尾水排放之前都要经过杀菌消毒工艺处理，尾水中的微生物群落结构较自然环境水体存在很大差异，极有可能威胁到生态系统的稳定性。因此，课题组希望通过在城镇污水厂常规工艺后端或者在受纳水体中增加生态措施（如人工湿地、稳定塘）等深度处理工艺，来改变尾水中的微生物群落结构，从而有效改善排水水质、提升外部水环境容量，使得社会循环中的"灰水"逐步转变成自然循环中的"绿水"，最终实现灰绿系统的自然衔接。

实施生态修复措施，对于改善区域水环境质量、修复自然水生态系统有重要意义。然而，目前尚不清楚各类生态修复措施对敞开式水体中的生物群落结构所产生的影响。如果在不清楚河流本底生物群落结构的情况下，通过工程大量引入水生植物等，容易造成自然生态系统失衡、外来物种入侵等问题。因此，如何筛选水生植物来构建强化系统，以恢复水体的生态服务功能，以及如何充分发挥植物群落之间的协同效应，都是河湖水生态系统修复需要考虑的问题。

此外，水生态修复工程往往需要满足多种生态服务功能，而目前的植物筛选方式往往将水生植物的净化效果作为唯一考量标准，所形成的系统往往功能单一。目前，国内外关于水生植物净化效果的研究众多，供试植物种类也较为丰富，但是受地域气候差异等因素影响，各地可供利用的植物类型各不相同，不同植物对生长环境的需求也存在明显差异。因而，尽管关于水生植物净化效果的试验研究很多，但是由于试验条件不统一、物种类型不一致等原因，植物之间净化效果的直接对比很难实现；针对城镇污水处理厂尾水水质特征的植物筛选净化试验更少。因此，为了满足生态修复工程的多种服务功能需求，迫切需要梳理和补充水生植物净化效果的基础数据，并基于生态服务功能需求建立一套水生植物筛选和配置方法，用于指导实际工程应用。

1.2 国内外研究回顾

水生植物是河湖湿地生态系统的重要组成部分，它既可以净化污染物质，将污水中的营养物质分解和转化后进行再利用；同时，还能够美化局地景观、改善区域气候，为人们提供优美的生态环境。大型水生植物群落可以防风固浪，减小水体流速，增强底质的稳定性；降低水下光照强度，减少水体叶绿素含量；为其他生物提供栖息和避难的场所，也为微生物的活动提供巨大的物理活性表面，在整个水生态系统的建构、平衡、维持、恢复等过程中起着举足轻重的作用。

欧美发达国家针对水生植物的研究较为系统，而一些发展中国家虽然有着丰富的植物物种，但受经费等限制无力开展观测研究，其研究深度和广度均非常有限。在工程应用时，通常只能照搬发达国家的研究成果，而对本国、本地区的植物品种挖掘不足，加之使用和管理水平有限，处理和修复效果往往也不理想。国内学者围绕水生植物在生态环境领域的研究涉及多个方面，主要包括水生植物的修复机理和生态功能，植物与环境的相互作用机制，以及水生植被重建理论和技术实践等。由于湿地系统工艺简单、缓冲容量大、建设和运行费用低、维护与操作管理方便，常常作为污水深度处理系统加以应用。因而，水生态系统的恢复与重建方法成为研究的重点，相关研究涉及水生植物的净水功能、水生植物的筛选与配置及水生态系统的健康评估等方面。

1.2.1 水生植物的净水功能

依照其生活方式与形态特征，水生植物可分为挺水植物、浮水植物（含浮叶植物和漂浮植物）和沉水植物。目前，全球发现的湿地高等植物多达6700余种，而已被用于湿地建设且产生效果的不过几十种，对大多数湿地植物未进行深入研究[①]。国际上公认的淡水水生植物优势品种有芦苇（*Phragmites*）、宽叶香蒲（*Typha latifolia*）和灯芯草（*Juncus effusus L*），而挺水植物黑三棱（*Sparganium erectum*）和水葱（*Scirpus validus Vahl*），浮水植物凤眼莲（*Eichhornia crassipes*），以及沉水植物中的苦草（*Vallisneria americana*）、黑藻（*Hydrilla verticillata*）和狐尾藻（*Myriophyllum spicatum*）等也较为常用。研究热点主要有湿地水体净化、湿地重金属等污染治理、湿地公园景观评价及湿地植物资源保护与修复等。

1.2.1.1 挺水植物

挺水植物通常体型高大，大多属于禾本科和莎草科，可挺立在沿岸带浅水中，能够借助根状茎越冬和进行有效繁殖，能形成密集且稳定的单种群落。挺水植物能够借助其中空的茎或叶柄向埋藏在泥土中的根部和根状茎输送氧气，因而能适应常年埋没于水下的土壤环境，其根系径向泌氧量与植物的光合速率、生物量等密切相关。挺水植物的主要特点是根生泥中，下部或基部在水中，茎、叶等部分暴露在空气中，参与水、沉积物、大气、水—沉积物、水—大气 5 个层面的营养物质交换[②]。因而，它们不仅被广泛应用于潜流和表流湿地系统，还经常被用于构建植物缓冲带和人工浮岛等。

国外学者对挺水植物在不同程度的污染水体中对营养元素和有机物等的净化效能等做出了诸多探索。如 Ennabili 等（1998）对芦苇、香蒲等 9 种植物的生物量和氮、磷、钾积累量进行了比较，为人工湿地选择出高性能的植物种类。研究结果表明，芦苇、香蒲和直立黑三棱具有较高的氮磷吸收能力。Tanner（1996）比较了 8 种挺水植物在人工湿地的生长和营养吸收能力，认为芦苇、菰（*Zizania latifolia*）、水甜茅（*Glyceria maxima*）适合处理低浓度废水的人工湿地种植。Greenway（1997）对当地 49 种和外来 11 种植物的氮磷含量进行了比较研究，为湿地植物种类的筛选提供了有益

---

① Fettig J, Stapel H, Steinert C, et al. Treatment of Landfill Leachate by Preozonation and Adsorption in Activated Carbon Columns [J] .Water Science & Technology, 1996, 34（9）: 33–40.

② 刘小川 . 耐盐挺水植物的筛选及水质净化效果研究 [D] . 天津大学，2014.

的参考。国内学者比较了不同种类的挺水植物对污染物的去除率，同时跟踪观测了净化过程中根、茎、叶等器官的生物量变化及其对外部环境的生理响应和污染物富集程度（见表 1-1）。

表 1-1　挺水植物污染物去除能力对比

植物名称	特点
美人蕉[1]	$H_2PO_4^-$ 吸收能力强，NH_4^+ 和 NO_3^- 吸收能力强（低浓度时）
细叶莎草	NO_3^- 吸收能力强（低浓度差），NH_4^+ 吸收能力强（各种浓度）
紫芋	$H_2PO_4^-$、NO_3^- 和 NH_4^+ 吸收能力中等
芦苇[1]	低浓度（TN 去除率 64.7%、TP 去除率 88%）
香蒲[1]	低浓度（TN 去除率 79.3%、TP 去除率 91%）
蔗草	低浓度（TN 去除率 90.2%、TP 去除率 94%）
慈姑	TN 去除率 82%，TP 去除率 62%，COD 去除率 81%
花皇冠	TN 去除率 90%，TP 去除率 55%，COD 去除率 77%
芦苇[2]	TN 去除率 83%，TP 去除率 45%，COD 去除率 82%，适应性强
香蒲[2]	TN 去除率 84%，TP 去除率 48%，COD 去除率 66%
芦竹	TN、TP 去除能力强，COD 去除能力弱，适应能力弱
千屈菜	低浓度时效果好，TN 和 TP 去除率分别为 78.61% 和 59.00%
野茭白	低浓度时效果好，TN 和 TP 去除率分别为 67.60% 和 51.30%
水芹	TN 去除率 52.4%；TP 去除率 46.8%；COD 去除率 69%，49 天
鱼腥草	TN 去除率 58.7%；TP 去除率 58.4%；COD 去除率 84%，49 天
香根草	TN 去除率 62.3%；TP 去除率 49.4%；COD 去除率 74%，49 天
美人蕉[2]	COD 去除率 30.2%，NH_4^+ 去除率 82.1%，总磷去除率 72.4%
黄菖蒲	COD 去除率 31.7%，NH_4^+ 去除率 87.5%，总磷去除率 35.7%
水葱	COD 去除率 29.4%，NH_4^+ 去除率 60.2%，总磷去除率 32.5%

注：表中上标数字表示不同文献中出现的相同种类的水生植物。下同。

刘建伟等（2015）选择了美人蕉、黄菖蒲和水葱，研究其对重度富营养化景观水体中有机物、氮和磷的去除效果。结果表明，美人蕉对水体中磷的去除效果相对较好，可用于净化磷含量较高的景观水体；黄菖蒲对水体中氮的去除效果较好，可用于净化氮含量较高的景观水体。黄鹏等（2015）利用4种挺水植物（美人蕉、旱伞草、千屈菜和鸢尾），通过4种植物伸展于水中时根部对营养盐的吸收及其浮床上植株体对营养盐的积累作用，将水体中的氮、磷等营养盐迁移转化至植物体内，并以定期收割植物的方式将其与水体分离，发现通过植物修复，水体水质由Ⅴ类提高到Ⅳ类。在中营养至重度富营养5种浓度梯度下，李静文（2010）和刘利华等（2012）选取花叶芦竹、千屈菜和野茭白进行水培试验，追踪记录植株平均鲜重，对水体的氮、磷去除率及植物体内的氮、磷含量。结果表明：3种植物在氮、磷浓度较低时生长状况良好，生物量随着浓度的增加而增加；在高浓度时，植物生长受到抑制，生物量降低。花叶芦竹与千屈菜的植株最大生物量和氮、磷含量均大于野茭白，前两者最大值表现在重—中度富营养化水平上，而后者表现在轻—中度富营养化水平上，时间上前两者的峰值出现在10月，后者出现在9月。3种植物对水体中氮、磷的去除率不同，且对总氮（TN）的去除率较总磷（TP）高。花叶芦竹的氮、磷去除效果最好，高达86.12%和72.60%；千屈菜次之，为78.61%和59.00%；野茭白的吸收能力最差，分别为67.60%和51.30%。而张倩（2011）对比了芦苇和芦竹的净化能力，认为芦竹的综合净化能力要优于芦苇，但芦苇比芦竹具有更高的生长增量，并具有较强的适应性。虽然芦苇和芦竹对氮、磷的吸收作用较好，但对化学需氧量（COD）的去除作用不显著。

此外，张熙灵（2013）模拟了内蒙古高原干旱区典型浅水草型湖泊——乌梁素海的3种优势挺水植物芦苇、香蒲和薹草的生长过程，研究了不同程度富营养化水体中氮、磷的去除效果及吸收动力学特征，同时分析了挺水植物各器官营养元素碳、氮、磷的分布特征。结果发现，芦苇、香蒲和薹草对氮、磷均有明显的去除效果，薹草处理轻度富营养化水体的效果最好，香蒲适宜处理中度富营养化水体，而芦苇对重度富营养化水体中氮、磷的去除能力要高于薹草和香蒲，三者对水中总磷的净化效果均好于总氮。水体中总氮、总磷的浓度随着时间的变化呈负指数形式衰减，且净化率随着其在水体中停留时间的延长而增加。除香蒲外，芦苇和薹草组织中的氮、磷浓度均随着水体中氮、磷浓度的增加而增加。

部分学者的研究则偏重于植物的吸收特征及净化与植物生理过程的关系。如唐艺璇等（2011）研究了具有景观价值的 3 种挺水植物——水生美人蕉、细叶莎草、紫芋对磷酸二氢根（$H_2PO_4^-$）、氨根（NH_4^+）、硝酸根（NO_3^-）离子的吸收特征及差异。试验结果表明：3 种挺水植物吸收磷酸二氢盐时，美人蕉的吸收速率最快，且在较低离子浓度条件下也可以吸收该离子，说明其具有嗜磷特性，能够适应广范围浓度磷酸二氢盐环境；吸收硝态氮时，细叶莎草的速率最快，但其对低浓度硝态氮环境的适应能力较差，美人蕉吸收硝态氮的特性与细叶莎草刚好相反；吸收氨氮时，细叶莎草的吸收速率最快，且在低浓度氨氮环境下仍能吸收该离子，而美人蕉的吸收速率最慢，但能在低浓度氨氮环境下吸收该离子。

赖闻玲（2010）则采用人工气候室水培系统，以人工污水培养芦苇、菖蒲、慈姑和花皇冠 4 种挺水植物，比较它们的根和地上部分的生物量、根长、根寿命、根孔隙度、根径向泌氧量、光合作用等生理生态特性，及其对总氮、总磷、化学需氧量的去除效果。结果表明，根径向泌氧量与根孔隙度、光合速率、地上生物量显著正相关（P<0.05），与根长极显著正相关（P<0.01）；总磷的去除与光合速率、化学需氧量的去除与根径向泌氧量显著正相关；总氮的去除与生物量极显著正相关（P<0.01），但与根生物量和地上部分生物量的比值（根茎比）显著负相关（P<0.05）。慈姑和花皇冠拥有庞大的生物量和发达的根系，根孔隙度、根径向泌氧量和光合作用等生理指标较高，在水培系统中的污水净化效果接近，甚至优于菖蒲和芦苇，是构建人工湿地的优良植物。

由此可见，每种植物对富营养化水体的净化能力明显不同。在不超过耐受能力的浓度环境下，挺水植物在不同富营养化程度水体中的鲜重增长率有差异。挺水植物的生物量随着污染物浓度的增加而增加，其净化率也随着停留时间的延长而升高。但是，当污染物浓度超过植物的耐受能力时，植物的生长受到抑制，生物量降低，不同部位对污染物的吸收与富集程度也有所不同。

1.2.1.2 浮水植物

浮水植物是指植物体悬浮于水上或仅叶片浮生于水面的植物，其对营养物质有很强的吸收能力，能直接从污水中吸收有害物质和过剩营养物质，可净化水体。它们繁殖力很强，并能够随着水流及水中营养物质的分布不同而漂移。由于浮水植物表面积大，覆盖水面区域广，会影响大气中的氧进入水体。关于浮水植物，研究较多的种类主要有凤眼莲、水浮萍、大藻等，这 3 种浮水植物在不同水质环境中均具有较好的污染物去除能力，尤其是针对高浓度的有机废水（见表 1–2）。

表 1–2　浮水植物污染物去除能力对比

植物名称	污染物去除及特点
凤眼莲	ORN 去除率 83%；TN 去除率 50%；COD 去除率 75%，13 天
浮萍[1]	ORN 去除率 63%；TN 去除率 59%；COD 去除率 54%，13 天
青萍	TN 去除率为 90%；TP 去除率为 90%；COD 去除率为 75.2%，135 天
紫背浮萍	TN 去除率为 90%；TP 去除率为 91%；COD 去除率为 84.3%，生物量倍增时间短
大藻[1]	TN 去除率为 87%；TP 去除率为 90%；COD 去除率为 74.6%，135 天
水浮莲[1]	TKN 去除率为 87.6%；氨氮去除率为 99.2%；TP 去除率为 64.2%
石莲花	TKN 去除率为 87.6%；氨氮去除率为 99.0%；TP 去除率为 71.3%
凤眼莲[1]	TKN 去除率为 91.7%；氨氮去除率为 99.6%；TP 去除率为 98.5%，适宜高浓度
凤眼莲[2]	COD 去除率为 96.51%（室外）和 98.73%（室内）；氨氮去除率为 98.8%；TP 去除率为 93.44%，15 天
槐叶萍	TN 去除率 70%；TP 去除率 49%，150 天
凤眼莲[3]	TN 去除率 67%；TP 去除率 56%，150 天
水浮莲[2]	TN 去除率 61%；TP 去除率 53%，150 天
浮萍[2]	低浓度污水中对 TP、氨氮去除率高，氨氮、TP、COD 最佳停留时间分别为 12 天、10 天、8 天
大藻[2]	低浓度污水中对 TP、氨氮去除率高，氨氮、TP、COD 最佳停留时间分别为 8 天、10 天、14 天
凤眼莲[4]	低浓度污水中对 TP、氨氮去除率高，氨氮、TP、COD 最佳停留时间分别为 14 天、10 天、10 天

在高浓度有机废水处理研究方面，Sooknah 等（2004）采用水浮莲、石莲花和凤眼莲对厌氧消化牛奶场粪肥废水进行处理的过程中，凤眼莲的处理效果最佳，其对凯氏氮、氨氮、总磷的去除率分别为 91.7%、99.6% 和 98.5%，而石莲花的去除率分别为 87.6%、99.0% 和 71.3%，水浮莲的去除率分别为 87.6%、99.2% 和 64.2%，混合种植的去除率分别为 88.5%、94.9% 和 92.8%，空白对照组的去除率为 82.2%、99.8% 和 86.5%。李磊等（2016）采集江西省余江县规模化猪场污水，选取青萍、紫背浮萍和大薸 3 种浮水植物分别进行处理，结果表明：浮萍科植物的生物量倍增时间更短，而大薸的生物量和养分日累积量更大，随着培养天数的增加，浮水植物对污水中溶解性有机碳、总氮、总磷的去除率分别达到 75%、90% 和 85% 以上，且明显高于对照处理。

李军等（2003）对凤眼莲净化北方地区屠宰厂废水的效果进行初步研究的结果表明：在适宜的温度条件下，凤眼莲可以直接净化高浓度的屠宰废水，能够大幅度降低屠宰废水中的化学需氧量、悬浮物、氨态氮和总磷的浓度。凤眼莲处理系统在去除水中有机污染物的同时，还可收获大量具有多种用途的凤眼莲。凤眼莲生长 15 天以后，室外和棚内条件下污水中化学需氧量的下降幅度分别为 96.51% 和 98.73%。氨态氮和总磷的去除率分别为 98.80% 和 93.44%。刘建武等（2002）利用多种植物对含萘污水进行处理，在含萘浓度分别为 2.5mg/L、6.5mg/L 和 16.1mg/L 时，各植物对萘的 7 天净化率分别为凤眼莲 97.1%、93.7% 和 90.4%，水花生 88.4%、79.2% 和 71.7%，浮萍 64.1%、54.9% 和 42.7%，紫萍 48.0%、41.2% 和 32.7%。

针对富营养化水体治理，汪怀建等（2008）研究了槐叶萍、凤眼莲、浮水莲对营养盐的去除能力，结果表明：浮水植物处理进行 150 天时，3 种浮水植物对水体中总氮的去除率由高到低依次为槐叶萍（70%）、凤眼莲（67%）、浮水莲（61%）。对总磷的去除率由高到低依次为凤眼莲（56%）、浮水莲（53%）、槐叶萍（49%）。凤眼莲和槐叶萍对围区的水质净化效果较好，这与植物自身吸收同化污染水体中氮素、磷素的能力大小及植物根系微生物的作用有关。张燕燕（2006）在以有机氮为主要氮组分的富营养化水体中，采用批量培养方式对比研究了水温为6.8~7.2℃时浮水植物系统（凤眼莲和浮萍）、泡沫板系统及空白系统中氮组分的转化与去除，并探讨了水温为9.5~13.1℃时凤眼莲系统中不同起始化学需氧量（27~148mg/L）对污染物去除的影响。结果表明，不同系统的对比试验中，凤眼莲和浮萍系统对有机氮（ORN）的去除率分别为83%和63%，对总氮的去除率分别为50%和59%，高于泡沫板系统的去除率39%。两种植物系统对化学需氧量的去除率分别为75%和54%，与空白系统（63%）相差不大，但高于泡沫板系统（38%）。随着起始化学需氧量的提高，凤眼莲系统中水体缺氧状况加剧，对有机氮的去除率由85%下降到66%，同时对总氮的去除率由19%提高至45%。

王小娟（2016）探讨了最佳水力停留时间，以浮萍、大藻、凤眼莲3种浮水植物为材料，分别在水力停留2天、4天、8天、10天、12天和14天时测定污水中的溶解氧、化学需氧量、总磷、氨氮含量。通过比较植物在不同浓度污水中的净化效果，确定其在最佳浓度污水中对各污染物处理的最佳停留时间。结果表明，3种植物在适宜污水浓度下均表现出较强的净化效果。净化周期内，总磷、氨氮的去除率变化趋势与溶解氧变化趋势一致，大藻、浮萍、凤眼莲在低浓度污水中对总磷、氨氮的去除率最高，氨氮最佳停留时间分别为8天、12天、14天，去除总磷的最佳停留时间均为10天，大藻、浮萍、凤眼莲去除化学需氧量的最佳停留时间分别为14天、8天、10天。

虽然浮水植物在净水方面的能力表现强势，但是目前可供工程推广应用的浮水植物品种并不多。浮水植物的繁殖能力强，能在短期内形成相对稳定的群落结构。但是，其自我固定能力差、易随水漂移，因而在汛期需要考虑洪水对浮水植物生长的影响。此外，浮水植物冬季会枯萎，在大部分地区种植不能越冬。

1.2.1.3 沉水植物

沉水植物扎根于水底淤泥中或沉于水中，整个植株都可以对水中的营养物质进行吸收，在营养竞争方面占据了极大的优势。沉水植物可通过光合作用向水体输送氧气，主要包括小叶眼子菜、苦草、黄丝草等，能够通过吸收和吸附水体中的营养物质，有效降低富营养化水体中氮、磷等营养物质的含量。关于沉水植物净化效果的研究及其应用较多，恢复以沉水植物为主的水生植被，可以有效地降低氮、磷营养循环速度，控制浮游植物过度增长，是重建富营养水生态系统的重要措施[①]。

目前，研究较多的沉水植物主要有伊乐藻、金鱼藻、轮叶黑藻等，这些沉水植物在不同水质环境中均具有较好的污染物去除能力。如童昌华等（2004）对金鱼藻、狐尾藻、微齿眼子菜、马来眼子菜、苦草6种植物对养鱼池污水净化的试验结果表明：6种水生植物对水中总氮、总磷和硝态氮有较好的去除效果，对磷的去除率都达到了91.7%，但对氨氮的去除效果稍差，去除率仅为14%~70%。姚瑶等（2011）通过对6种沉水植物金鱼藻、苦草、大苦草、黑藻、矮慈姑、皇冠草在模拟污水中的培养实验，研究它们对模拟污水中氮、磷的净化效果。结果表明：苦草的氮净化效果最好，黑藻和苦草对磷的净化率高，分别为96.69%和92.98%。随着处理时间的增加，氨氮比例降低、硝态氮比例增高。苦草对氮、磷均有较好的净化效果；伊乐藻、菹草对底泥上覆水中总磷、总溶解磷都有去除效果。有关研究表明，伊乐藻的去除效果要好于菹草[②]。乔建荣等（1996）对8种常见沉水植物进行氮、磷去除能力试验，结果表明：8种植物对水体总氮、总磷的平均去除百分率分别为87.7%、81.4%；去除总磷的能力由大到小依次为伊乐藻、菹草、苦草、金鱼藻、轮叶黑藻、微齿眼子菜、篦齿眼子菜、狐尾藻，随着时间的延长，8种植物对水体中总磷的去除率不断提高。

宋福等（1997）研究了沉水植物对受污染的草海水体中总氮的去除速率，结果表明：每种沉水植物对水体总氮、总磷均有显著去除作用，在试验的27天内，沉水植物对总氮、总磷的去除率分别为80.31%、89.82%；对

---

① 郑翀，王洪艳，不同类型水生植物在人工湿地中的净化效果研究进展［J］.广东化工，2009（7）：121-123.

② 徐会玲，唐智勇，朱端卫，等.菹草、伊乐藻对沉积物磷形态及其上覆水水质的影响［J］.湖泊科学，2010（3）：437-444.

7 种沉水植物引起水体总氮浓度下降与时间的关系做了回归分析，所得结果是，随着时间的延长，水体中总氮的浓度呈负指数形式衰减。文章还研究了水体总氮浓度与去除速率之间的关系，发现每种沉水植物在试验的总氮浓度范围内去除速率随总氮浓度的增加而提高，对总氮的去除能力由高到低依次为伊乐藻、苦草、狐尾藻、篦齿眼子菜、金鱼藻、菹草、轮叶黑藻。6 种沉水植物对总氮、氨氮、硝态氮、总磷、可溶性磷的去除率如表 1-3 所示。

表 1-3　6 种沉水植物对氮、磷的去除率

沉水植物	TN（%）	NH$_3$-N（%）	NO$_3$-N（%）	TP（%）	PO$_4^{3-}$（%）
伊乐藻	60.7	61.8	85.3	74.4	75.1
轮叶黑藻	53.6	54.2	81.8	59.2	63.2
菹草—伊乐藻群落	50.17	83.12	—	32.1	—
苦草	42.68	—	—	61.27	—
金鱼藻	43.99	—	—	62.33	—
菹草	16.57	—	—	76.9	—

此外，除了氮、磷净化能力外，也有学者对沉水植物的无机碳吸收展开研究。刘玲玲（2011）以篦齿眼子菜、微齿眼子菜和穗花狐尾藻为实验材料，采用酸碱度（pH）漂移技术，比较了 3 种沉水植物的无机碳利用效率，结合对胞外碳酸酐酶活性的研究，以及胞外碳酸酐酶抑制剂对 3 种沉水植物无机碳利用量的影响的研究，探究了 3 种沉水植物对无机碳（DIC）的利用机制，以及这种机制对 3 种沉水植物的无机碳整体利用水平的贡献。并探究了不同 pH 下的无机碳水平对 3 种沉水植物的无机碳利用能力及生理和生长的影响。pH 漂移实验结果表明，3 种沉水植物都存在利用碳酸氢根（HCO$_3^-$）的能力，但利用效率存在差异；与篦齿眼子菜相比，穗花狐尾藻和微齿眼子菜都表现出较强的碳酸氢根利用能力。在自然水体条件的碳源水平下，随着 pH 升高，3 种沉水植物利用无机碳的能力均显著下降，并且 3 种沉水植物的生物量及叶绿素含量也都随着 pH 的升高表现出下降的趋势，这说明水体中

无机碳的含量随 pH 的升高而降低，从而对 3 种沉水植物的生理和生长也产生了影响。通过加入胞外碳酸酐酶抑制剂，发现 3 种沉水植物的无机碳利用率均下降了 50% 左右，表明胞外碳酸酐酶在 3 种沉水植物利用水体无机碳的过程中起到了重要作用，但对 3 种沉水植物的无机碳利用率的贡献率则不同，对穗花狐尾藻的贡献率最大，其无机碳利用率下降了 62%。

我们在整理的过程中发现，尽管针对水生植物的水质净化试验很多，但是由于研究人员的专业各不相同，且对水生植物的认知深度不一，导致研究中普遍存在植物种属关系不清晰、植物名称使用混乱、来水浓度不统一等问题。这些问题也造成不同研究的成果不能直接对比，很难找到相同污水浓度条件下相同植物种类的试验研究，缺乏对净化试验成果的系统对比梳理。

1.2.2　植物微生物组合修复

1.2.2.1　植物间组合修复

多种水生植物配合种植不仅能够丰富水生植物生态系统结构，还能够发挥水质净化的互补功能。因而，国内外学者对挺水植物、浮水植物和沉水植物组成的植物群落在不同水质环境下展开试验研究。

胡啸等（2012）选择黄菖蒲（挺水植物）、大薸（浮水植物）、黑藻（沉水植物）3 种类型的水生植物，通过静态水培试验，以无植物空白系统为对照，考察了 3 种水生植物及其组合对水体中的铬、氮和磷的净化效果。结果表明，植物对总氮、总磷、六价铬和总铬有一定的净化效果，与试验开始时相比，试验后期净化效果均有不同程度的下降；4 种植物系统对总氮和总磷去除能力的顺序相同，从大到小依次为大薸、组合、黑藻、黄菖蒲，对 6 价铬的去除能力从大到小依次为组合、黄菖蒲、黑藻、大薸，对总铬的去除能力从大到小依次为黄菖蒲、组合、黑藻、大薸，同单一的植物相比，3 种植物组合系统对氮、磷和重金属铬都有较好的去除效果。

李欢等（2016）在模拟的不同水体富营养化条件下，研究了分别由 4 种挺水植物（雨久花、黄花鸢尾、泽泻和野慈姑）、4 种沉水植物（狐尾藻、黑藻、金鱼藻和竹叶眼子菜）组成的群落，以及由以上随机 2 种挺水植物加

2 种沉水植物组成的混合群落对水体中总氮和总磷的去除作用。研究结果表明，混合群落中黑藻、金鱼藻、雨久花和黄花鸢尾的相对生长速率和累积生物量显著高于它们在单由挺（沉）水植物组成的群落中的相对生长速率和累积生物量。相应的，混合群落中的黑藻、雨久花和黄花鸢尾的全氮和全磷积累率也显著高于单由挺（沉）水植物组成的群落。与单由挺（沉）水植物组成的群落相比，混合群落具有较高的水体总磷去除率，且随着水体富营养化程度的加重而升高，然而其对水体总氮的去除率与单由挺（沉）水植物组成的群落差异不显著。在水体中，高富营养化水平下，混合群落底泥的全氮去除率和全磷积累率显著高于单由挺（沉）水植物组成的群落；在水体不同的富营养化水平下，在所构建的混合群落中，狐尾藻＋黑藻＋雨久花＋黄花鸢尾群落、黑藻＋金鱼藻＋雨久花＋野慈姑群落、黑藻＋竹叶眼子菜＋泽泻＋野慈姑群落都表现出较高的水体总氮和总磷去除率。

罗虹（2009）选用挺水植物花叶芦竹、香蒲和沉水植物金鱼藻进行富营养水体的短期实验，选用挺水植物花叶芦竹、香蒲、环棱螺和沉水植物金鱼藻、苦草构建模拟生态系统的长期实验，追踪调查丽娃河生态恢复的效果。结果表明：在短期实验中，相同的浓度梯度设计下，金鱼藻、花叶芦竹、香蒲的最终氮、磷浓度和最终生物量均有所不同。金鱼藻最终生物量增幅显著大于苦草，尤其在高浓度的氮、磷条件下。而在高浓度组，金鱼藻的最终氮、磷浓度均显著低于苦草。此外，与沉水植物相比，挺水植物花叶芦竹和香蒲的生物量增加幅度显著大于沉水植物金鱼藻和香蒲，高浓度的氮、磷对金鱼藻、苦草、香蒲的生物量的增加有抑制作用，而花叶芦竹的生物量始终随氮、磷浓度的升高而增加，在最高的氮、磷浓度下，呈现了最大的生物量。

综上所述，目前国内外关于水生植物水体修复方面的研究主要集中在挺水植物、浮水植物、沉水植物及其组合技术对于水中污染物的影响。研究水体包括河道、湖泊、景观水、含特定污染物的水体等，研究内容主要包括各种水生植物在不同污染负荷条件下对氮、磷和化学需氧量等污染物的去除效率、水生植物各部位富集污染物的能力，以及植物生物量的增加与污染物浓度的相应关系等方面。而对于各种水生植物吸收和降解污染物机理的研究，包括污染物转化规律、植物传氧能力、污染物浓度与植物密度之间的内在关系方面的研究较少。同时，虽然利用植物治理富营养化水体具有多重优势，而且治理效果明显，是环境修复的理想途径，但该方法也存在一些不利因素，如植物的生长周期较短，对气候的依赖性较强，植物体死亡后需要进行人工收割，否则植物体腐烂后产生的有机物质可能会造成水质的进一步恶化等。

1.2.2.2　植物与微生物组合修复

微生物修复技术源于 20 世纪 70 年代，最初是利用微生物所特有的广泛代谢途径，将污染物降解为水、二氧化碳及其他无毒害物质，达到部分或完全恢复的过程。应用微生物修复污染水体的代表性工作是 1989 年瓦尔迪兹石油泄漏事件发生之后，美国环境保护署在短时间内通过石油降解菌对阿拉斯加州近海的成功治理[①]。微生物作为生态系统中的分解者，对污染物的去除和养分的循环起着不可忽视的作用。尤其当水生态系统中接纳大量的无机营养物质时，微生物通过对氮的氨化、硝化、反硝化作用，驱动水体中氮的生物地球化学循环，发挥着对有机磷的分解作用，可以促进水生植物的吸收利用。接种有益微生物菌株可加速碳、氮、磷在水体环境中的生物地球化学循环，并强化对这些营养物质的去除，可以作为生物修复中的一项重要手段。

接种的微生物既可单独使用，也可以固定化后（表面吸附固定化、包埋固定化、交联固定化、自身固定化）投加于河道或与生物促生剂联合使用。常用于河道修复的微生物菌种有原位菌群、EM 菌、氮循环菌、聚磷菌等。微生物单独投加于河道时多采用梅花式接种法，此方法操作简单，但微生物容易流失，效率低，投加菌量大。如庄景等（2011）在无彻底截污和清除内源的情况下，应用单一直接投加微生物修复技术将本源微生物菌剂直接接入，对无锡市浒溪河水体及底泥进行污染治理实验研究。结果表明：河道水体溶解氧质量浓度提升至 2mg/L 以上，出水处的高锰酸盐指数（COD_{Mn}）、总

---

① Li H, Boufadel M. Long-Term Persistence of Oil from the Exxon Valdez Spill in Two-Layer Beaches［J］. Nature Geoscience, 2010, 3（2）: 96-99.

磷和氨氮降解率分别高达 43%、56% 和 58%。在无彻底截污和清除内源的情况下，可以初步消除河道的黑臭现象，提升水质。

随着研究的扩展与深入，人们发现植物与微生物组成生态修复系统应用于江河湖海的综合治理，可取得较好的处理效果[①]。水生植物群落为微生物和微型动物提供了附着基质和栖息场所。微生物通过适应生存逐步在植物根系定居繁殖，与水生植物之间形成良好的互利共生关系（程伟等，2005）。植物根际微生物促进了元素的转化，能将污水中的有机态氮、磷和非溶解性氮、磷降解成溶解性小分子，增强有机物向无机物的转化，增加植物根际有效态养分的量，从而促进植物生长和微生物的旺盛生长，加强对污染物的降解，使植物有更加优越的生长空间。植物微生物联合体系促进了污染物的快速降解、转化（胡绵好等，2009）。

袁冬海等（2006）在前置库中构建固定化微生物—水生生物强化系统处理太湖入湖河道污水，以减少入湖污染负荷。在驯化期加入复合微生物菌剂 30mg/kg，驯化期后每月投加 1 次（20mg/kg），强化微生物的活性。前置库水力停留时间约为 9 天，总氮、总磷和高锰酸盐指数平均去除率分别为 45.0%、42.2% 和 50.8%。固定化微生物区域微生物数量高于水生植物根际区 1~2 个数量级，反硝化菌数量达到 10^9 个，水生植物根区微生物数量也高于示范区自然水体 2~3 个数量级以上。水生植物根际区的单位体积微生物量也高于示范区自然水体 2~3 个数量级以上，该区域强化了根际微生物的活性，进一步加强了自然水体的脱氮除磷能力。由此可见，植物与微生物联合或固定化微生物吸收营养物质的效果均优于直接投加，固定化后微生物数量比自然水体提高 2~3 个数量级。

在植物微生物系统中，植物最主要的作用并不是直接吸收营养物质，而是为微生物提供栖息地和氧化还原微环境，并促进其生长繁殖，微生物才是主要的"执行者"。水生植物的根系是否发达，是否能形成厚密的根网，是影响其处理效果好坏的因素。相关实验表明，在植物达到自屏效应前，水质

---

① Li H, Zhao H P, Hao H L, et al., Enhancement of Nutrient Removal from Eutrophic Water by a Plant Microorganisms Combined System［J］. Environmental Engineering Science, 2011, 28（8）: 543–554.

提升效果与植物量之间存在正相关关系。由于水生植物通过根系的气体传输和释放作用，在根系形成了氧化态的微环境，植物根系形成的富氧区与缺氧区为微生物脱氮和生物聚磷过程提供了良好的条件。植物根系也向水体分泌氧、氨基酸、糖类等物质，刺激根际微生物的活性。魏瑞霞等（2009）对唐山市南公园富营养化水体的修复（植物—微生物联合修复技术），通过挑选凤眼莲、美人蕉、鸢尾等多种植物，并将氮循环微生物以人工填料的方式悬挂于浮床下方，不仅治理效果良好，而且还有美化环境的作用。该研究表明，当植物单独存在时，对化学需氧量、总氮、氨氮和总磷的最大去除率只有33% 左右，而植物浮床—微生物组合对有机物的去除率最高可达62.7%。作者认为微生物的存在促进了植物对有机物的吸收利用，同时微生物也有降解有机物的作用，在这个过程中，植物与微生物是互利关系。在温度较低的季节，可采取固定化氮循环细菌（Immobilized nitrogen cycling bacteria，INCB）+ 其他微生物的方法弥补植物不能越冬的缺陷。

　　将多种细菌混合后与植物联合治理富营养化水体，不仅可以根据不同生物的适应能力扩大应用范围，还可以提高治理效果。例如，胡绵好等（2009）用凤眼莲与4 种菌群的固定化氮循环细菌对浙江大学华家池校区富营养化水体进行了综合治理。结果表明，凤眼莲 + 固定化氮循环细菌的联合作用与单独的凤眼莲处理，对富营养化水体中总氮和氨氮的去除率存在显著差异。数据显示，凤眼莲 + 固定化氮循环细菌联合作用对富营养化水体中总氮和氨氮的去除率分别为77.2% 和49.2%，而单独的凤眼莲处理则只有73.7%和32.3%；但两者对富营养化水体中硝态氮的去除率没有显著差异。许国晶等（2014）将 EM 菌和水生植物大藻联合，发现微生物—水生植物联合净化体系对总氮、氨氮（NH_3-N）、亚硝态氮（NO_2^--N）、总磷（TP）、化学需氧量（COD）的净化效果均显著优于微生物 EM 菌液组（$P<0.05$）。经联合净化后，水体中总氮、总磷水平降至淡水养殖池塘排放水一级标准，氨氮水平降至0.3mg/L 以下，而亚硝态氮水平则降至 0.1mg/L 以下。微生物—水生植物联合净化体系对水质的净化效果与净化体系使用时间呈现较好的正相关关系，并且水生植物大藻覆盖面积为 20% 的净化效果比覆盖面积 10% 的效果好。常会

庆等（2006）利用伊乐藻、凤眼莲和黄花水龙与固定化光合细菌（Non-sulfur photo synthetic bacteria）联合对富营养化水体进行修复，结果表明：在有水生植物或水生植物结合光合细菌的处理组中，磷的去除率均在60%以上。与单独水生植物组相比，植物与光合细菌复合组可以去除更多的磷，说明沉水植物和光合细菌结合能够提高对磷的去除效率。但有关植物—固定化聚磷微生物修复富营养化水体的研究较少，在机理及应用方面仍有待进一步研究。

由植物与微生物结合发展起来的植物—微生物联合修复技术是当前治理水体富营养化的有效手段，诸多实践表明该技术能够在一定程度上克服单独使用植物或微生物治理水体富营养化的不足。但因植物、微生物种类繁多，植物—微生物联合方式多样，不同的组合方式作用机理存在差异，因此，联合修复技术的研究与应用还存在很广阔的空间。为此，必须继续筛选和开发去除效果更好的植物、微生物，加强对生物修复过程及机理的研究。与植物修复类似，微生物在水体修复过程中亦存在一些不足，如机理研究不够深入、修复效率不高、需菌量大、低温时修复效果不理想，还有部分菌有致病性或会产生某些有毒有害物质等，这在一定程度上限制了微生物修复的广泛应用。鉴于植物修复与微生物修复的优、缺点，将二者结合，以实现低能耗、低费用、广应用、高效率的目标是发展的必然趋势。

1.2.3　水生植物筛选与配置

为了增强人工湿地污染物净化能力和景观效果，促进植物的快速生长，我们一般在人工湿地中选择一种或几种植物作为优势种搭配栽种，根据环境条件和植物群落的特征，按一定比例在空间分布和时间分布方面进行安排，使整个生态系统高效运转，最终形成稳定、可持续利用的生态系统。在配置时要考虑不同种类的植物一起生长，不仅污染物净化能力和景观效果差异较大，而且相互之间存在作用。这种作用主要包括两个方面：一是对光、水、营养等资源的竞争；二是植物通过释放化学物质而影响周围植物的生长，如香蒲、芦苇等就存在这样的相互作用。

Sczepanska报道了宽叶香蒲、水葱、木贼（*Equisetum limosum*）、苔草等植物

体腐烂产生的化感物质对芦苇生长、繁殖具有抑制作用。黑藻（*Hydrillaverti-cil lata*）对金鱼藻属的一种（*Ceratophyllumsp*）亦具有抑制作用。某些植物的枯枝落叶经水淋或微生物的降解作用也会释放出克生物质，抑制植株自身的生长。宽叶香蒲的枯枝叶腐烂后阻碍其本身新芽的萌发和新苗的生长。芦苇腐烂后产生的乙酸、硫化物等在芦苇组织中富集，会抑制芦苇本身的生长发育，造成大面积的芦苇衰退。因此，研究人工湿地植物的合理配置，对人工湿地杂草的生物控制和防治、净水植物的优化组合及减少残体对湿地植物的生长抑制均具有重要意义。

在国内，以人工湿地植物种类选择为直接目的的实验研究相对较少，张甲耀等（1998）比较了芦苇、茭白、穿心莲对人工湿地的净化效果。但我国在利用植物净化废水方面开展的相关研究工作很多（如浮床栽培植物），如陈源高等（2006）研究了水芹等水生高等植物对废水中的黄金和银的净化和富集特性；宋祥甫等（1998）开展了在富营养化水体表面种植水稻、美人蕉等陆生高等植物的研究，发现这种方式在收获农产品、美化水域的同时，达到了净化水质的目的。然而，国内在人工湿地植物的合理配置方面的研究较少，大都照搬欧美地区的植物配置模式，但由于地区环境的差异、湿地植物适应性不同、不同植物品种间以及与本地优势品种间的竞争作用致使相当一部分人工湿地污水处理厂的污水处理效果低下、植物衰退现象严重。因此，我们必须加强对人工湿地植物配置技术方面的研究，使污水处理效果、植物生长势、景观效果三方面能够齐头并进。

1.2.4　水生态系统健康评估

国外对于人工湿地评价指标的研究最早可追溯至 17 世纪末 18 世纪初，最早的是通过对水质指标（颜色、溶解氧）的简单测量来反映湿地生态的退化现象。之后，随着对湿地生态系统的理解，发展到采用物种的变化及其影响来判断湿地生态系统的健康状况，主要是选择对生态系统中最敏感的指示物种，如生态系统的关键种、特有种或濒危种（孔红梅等，2002）。常用的综合评价方法有层次分析法、模糊综合评价法、人工神经网络评价法和灰色综合评价法。

目前，国内外大多数评价方法都涉及指标体系的构建，指标体系可以由纯自然的指标构成，也可以是自然、社会、经济等多项指标构成的复合指标体系。各种方法根据生态系统的特征和其服务功能选择能够表征其特点的参数建立指标体系，并分析各项指标的生态意义，然后对指标进行度量，确定每项指标在评价体系中的权重系数，最后建立生态系统环境质量的评价体系。如何选择适宜的评价指标和评价标准是构建指标体系法的关键，指标权重的确立是评价方法的难点（全峰等，2011）。指标体系法是由指示物种法延伸发展形成的，由于湿地生态系统是复杂的，因此必须将影响生态系统的多种因素都考虑在内，选取多种指标构建一个综合的评价体系。国外早期对于湿地生态系统的诊断指标主要集中在化学和生物指标上，近年来又将无能力指标、压力指标等考虑在内，使诊断指标不断完善。Montefalcone（2009）利用海草建立了三类综合指标（CI、SI、PSI）来评价滨海湿地的健康状态。美国环保局对 Level Ⅲ 方法常用的水文地貌法（Hydrogeo Morphic Method，HGM）和生物完整性指数法（Index of Biological Integrity，IBI）的指标进行比较排序，最终目标是确立一个统一的评价方案，以适用于不同地区的湿地评价，提高评价结果的可比性（林波等，2009）。

中国湿地评价研究尚在起步阶段，湿地评价开展得较少，且多为定性评价。由于人工湿地应用初期主要用于污水处理，因此对人工湿地的评价大多局限于对其少数功能的研究。董金凯等（2009）认为，人工湿地的生态系统功能指标有净化污水、物质资料生产、调节微气候、降低噪音、休闲娱乐、文化科研教育。王淑军等（2011）将临沂市武河人工湿地生态系统服务价值分为设计价值和非设计价值。沈万斌等（2005）提出人工湿地价值体系，认为人工湿地价值由环境经济价值和成本价值组成，环境经济价值由经济容量价值、资源价值和社会价值组成，成本价值由维护价值和人工改造价值组成。张依然等（2012）从生态特征与功能、水质净化功能及经济社会功能三个方面对新薛河人工湿地进行评价。除了对人工湿地的工程经济效益进行评价外，徐慧娴等（2016）运用层次分析法对人工湿地进行综合评价，指标体系包括地形坡度、填料设计、出水水质、运行费用等20项指标。

由此可见，尽管学者们针对水生植物净化功能的研究已非常丰富，但目前仍缺乏针对水生植物功能的系统性成果，未能形成一套基于工程常用水生植物的实用型筛选方法。水生植物的推广和应用还受到市场因素限制，工程常用水生植物仅占到水生植物种类的1/8左右。虽然诸多植物具有较强的净化功能，但其培育过程复杂、耗费的人力物力成本较高，不具有市场竞争性。当前工程中挑选水生植物往往以其水质净化能力为筛选因素，部分工程从景观设计需求出发挑选植物，较少工程考虑植物对生态系统稳定性的影响，迫切需要建立一套基于生态系统健康发展的多目标植物优选配置方法。除此之外，需要系统梳理水生植物的耐受性、形态特征和功能属性，建立起工程常用水生植物的基础属性数据库，以使上述优选配置方法具有更好的实用性。

1.3　本书要点

针对社会水循环中的"灰水"系统向自然水循环的"绿水"系统过渡时存在的水质衔接断档、微生物群落结构差异显著等问题，本研究通过构建水生植物优化配置方法，筛选配置出适应于此类环境的水生植物群落。结合已有研究基础，构建形成水生态植物强化净化系统，明确系统对污水的净化效能，并利用成熟可靠的评价方法对水生植物强化系统进行综合评估，以获得最优的效果。

1.3.1　研究目标

针对水生态系统修复过程中出现的植物群落构建方法缺失、系统功能单一等问题，本研究通过分析不同污染负荷下的水生植物生长状态，以明确污染水体环境中水生植物群落的演替过程。同时，根据植物群落所引起的水体环境变化，寻求能够驱使污染水体向良性方向发展的植物组合类型。考虑到城市河道的污染特征和生长环境，本研究基于生物—生态降解原理，优化组合植物、多孔隙介质和原生微生物，并分析其水生态参数调控能力及生态环境效应，构建水生态植物强化净化系统，为水体环境治理与生态修复提供技术支撑。

1.3.2　研究任务

（1）构建室内物理模型模拟自然水体环境，对比挺水植物、浮水植物和沉水植物的污染物净化能力和输氧能力，明确水污染负荷与植物传氧能力的关系。分析不同污染物浓度梯度与植物群落、密度的响应关系，深度解析污染物的去除路径与规律，优选出净化效果好、输氧能力强、生物量丰富的植物类型。

（2）针对城市河道污染特征及生长环境，现场监测不同植物组合系统对水体的溶解氧含量和污染负荷的影响，揭示挺水植物、浮水植物和沉水植物协同组合对水环境中溶解氧含量的影响及规律，阐明污染物的吸收和净化能力。按照适地适种、共生互利、景观搭配等原则，对植物种类、密度及空间格局进行优化搭配，搭建植物群落优化配置技术体系。

（3）基于生物生态降解原理，根据优选的植物、多孔介质和菌群，构建水生态植物强化净化系统。构建水生态植物强化净化系统和传统生物净化系统室内模型和中试模型，对比分析其在自然水环境中的污染物净化效果，及其对微生物群落生长状态的影响。

1.3.3　研究方法

（1）阐明污染负荷对植物的生长状态、传氧能力及污染物净化能力的影响。通过查阅文献资料，并依据植物的工程适用性和养护难易程度等初步筛选水生植物类型。构建小试试验模型，将筛选的水生植物（如芦苇、香蒲等）在不同的自然水体污染环境（如二级、一级 A 等）中培养，通过监测植物根系的形态特征（根密度、根表面积等）和根系活力（根系氧化力、酶活性等）等指标，量化污染物浓度梯度对植物根系生长状态的影响。通过检测环境水体的污染物浓度和溶解氧含量，分析确定植物系统对养分的吸收速率和传氧能力。以此为理论指导，确定不同污染环境下的水生植物图谱。

（2）构建植物群落优化配置技术体系，并搭建出稳定的对水生态参数具有调控能力的植物组合系统，确定水生植物的协同作用对水质净化、景观营建及生物多样性等的影响。按照适地适种、共生互利、景观搭配等基本原则，根据植物的生长环境（气候、水深、透明度等）、植物个体的生长习性及植物间生长关系等对水生植物的种类进行组合。综合考虑水质净化、景观美化、生态系统修复等功能需求，构建多目标综合评价指标体系。通过定性与定量指标相结合的方式，对各植物组合系统进行综合评估，从而确定出一套植物群落优化配置的技术体系。依据该技术体系，对水生植物种类、密度及空间格局等技术参数进行调整及优化，并最终确定适应不同城市河道的污染环境的植物，获得最优的处理效果。

（3）基于植物个体、群体及环境要素之间的关系，耦合水生植物、多孔介质以及驯化微生物的水质净化功能，构建水生态植物强化净化系统，分析其水生态参数调控能力及生态环境效应。基于生物—生态降解原理，将优选出的植物组合系统与多孔介质进行组合，构建水生态植物强化净化系统室内模型。在不同水污染环境下（如二级、一级 A 等），测定水生态植物强化净化系统作用下的水质指标，并通过高通量测序等分析系统的根系微生物群落结构，确定根系微生物种类及丰富度等，驯化筛选出适宜水生态植物强化净化系统的微生物群落。根据城市河道的实际环境和污染特征，构建水生态植物强化净化中试系统，通过模拟实验比较碳、氮等水质指标，明确其对污染物的吸收和净化效果，考察其在城市水体中的实际净化能力。

基于以上方法，本书全面调查了全国范围及典型区域的湿地植物资源，系统开展了不同污水浓度下的净化效能试验，明确了水生植物资源禀赋，以及工程常用水生植物在不同污水环境下的根系生长情况、水质净化效果及调节能力等参数。同时，以生境适应度评估和遗传算法为基础，综合考虑水质目标、景观效果和建设成本等因素，构建了水生植物群落优化配置方法并搭建了在线配置平台。针对城镇污水处理厂尾水与地表水之间的水质衔接，运用上述方法形成了六组水生态植物强化净化系统，通过试验明确了强化系统的净化效能及污水处理前后微生物群落的变化特征，为城市污水处理厂尾水深度处理提供了数据支撑。

2

水生植物资源调查与筛选

水生植物修复技术是在发生逆向演替的水生生态系统中施加一定的人为影响，有目的地引种优良水草品种或将原有的已被破坏的植物重新恢复起来，促进退化水体生态系统中水生植被的恢复，实现水体生态系统的良性循环。它通过植物的吸收、挥发、根滤、降解、稳定等作用，去除水体中的污染物，以达到净化环境的目的，因而水体植物修复是一种很有潜力的、正在发展的绿色技术。水生植物是植物修复技术的主体，对水生植物的筛选一定程度上决定着水生态系统修复的成败。我国地域辽阔，水生植物资源丰富，但正是受地域差异等因素的限制，学者和工程师们对各地的水生植物资源禀赋不甚清楚，对开展相关技术的研究和应用有一定影响。

2.1　水生植物资源调查

2.1.1　全国水生植物资源

针对各地的水生植物资源分布情况，国内学者已进行了部分调查统计。如针对华东地区水生植物资源的研究成果，有 1952 年裴鉴等编著的《华东水生维管束植物》和 1975 年厦门水产学院编写的《水生维管束植物图册》。1994 年，于丹在《东北水生植物地理学的研究》中对东北地区水生植物的分布规律进行了详细论述。2003 年，张小燕对西北地区的植被类型和地理分布进行详细调查，其中涉及沼泽和水生植被。此外，华北、华中、华南和西南地区的植物资源调查也有人涉及，但均存在一定的区域局限性。

目前，对中国水生植物进行系统详细介绍的著作主要有 5 部。最早的是 1983 年中国科学院武汉植物研究所编写的《中国水生维管束植物图谱》，共收录了 61 科、145 属、317 种水生维管束植物。1990 年，刁正俗编写的《中国水生杂草》有所增补，收录了 61 科、155 属、437 种水生植物。2004 年，中国科学院编写的《中国植物志》，汇集了全国 80 余家科研教学单位 40 多年的研究成果。2009 年，赵家荣等编写的《水生植物图鉴》中含 74 科、204 属、560 种水生植物，其中含 58 种外来种。2012 年，陈耀东等在参与《中国植物志》编写的基础上，编写了《中国水生植物》，共收录了 61 科、168 属、741 种（306 种相近种）。

受当时研究条件限制和统计不完全等因素影响，不同专著中统计的水生植物种类存在不一致的现象。此外，由于学者们对水生植物的种属判别依据存在差异，在植物名称及植物所属类别等方面也存在一些争议。本研究课题组根据 2004 年出版的《中国植物志》和 2012 年出版的《中国水生植物》调查结果，统计出中国各省本土水生植物类型（见表 2-1）。

表 2-1　中国各省（自治区、直辖市）本土水生植物统计

地域	省份	植物种类	地域	省份	植物种类
西北	新疆	20 科 51 属 118 种	西南	重庆	21 科 46 属 91 种
	青海	16 科 45 属 98 种		西藏	21 科 49 属 101 种
	甘肃	17 科 47 属 99 种		四川	34 科 79 属 166 种
	宁夏	13 科 32 属 69 种		贵州	27 科 65 属 140 种
	陕西	17 科 49 属 105 种		云南	41 科 98 属 210 种
东北	黑龙江	34 科 79 属 171 种	华东	山东	25 科 56 属 119 种
	吉林	35 科 80 属 172 种		江苏	34 科 77 属 166 种
	辽宁	34 科 77 属 165 种		安徽	30 科 64 属 137 种
华北	内蒙古	33 科 73 属 161 种		上海	21 科 44 属 85 种
	山西	28 科 63 属 138 种		浙江	34 科 77 属 171 种

地域	省份	植物种类	地域	省份	植物种类
华北	河北	22 科 52 属 109 种	华东	福建	38 科 81 属 173 种
	北京	18 科 39 属 77 种		台湾	37 科 81 属 164 种
	天津	18 科 39 属 76 种		广东	41 科 93 属 196 种
华中	河南	21 科 45 属 100 种	华南	广西	32 科 81 属 170 种
	湖北	35 科 67 属 147 种		海南	29 科 76 属 158 种
	湖南	31 科 65 属 138 种		香港	20 科 42 属 91 种
	江西	35 科 71 属 159 种		澳门	18 科 38 属 77 种

2.1.2 沈阳地区湿地植物资源

为了进一步调查湿地水生植物资源禀赋及其生长习性等基本情况，本课题组以沈阳地区的重要湿地为调查对象，对湿地水生植物资源展开调查。目前，沈阳地区自然湿地主要分布在辽河沿线，包括康平辽河国家湿地公园、辽河七星湿地公园及卧龙湖自然保护区等。

2.1.2.1 康平辽河国家湿地公园

辽宁康平辽河国家湿地公园位于沈阳市康平县辽河西侧，跨越北三家子街道办事处、北四家子乡、两家子乡、郝官屯镇 4 个乡镇。具体范围北至马家铺，西以辽河西侧堤坝及道路为界，东至辽河中线（昌图、康平两县县界），南抵小塔子村。湿地公园地理坐标为东经 123°31′11.39″ ~ 123°36′21.53″，北纬 42°39′22.56″ ~ 43°0′28.74″；总面积为 2723.93ha，湿地面积为 2357.33ha，湿地率为 86.54%。

康平辽河国家湿地公园范围内西辽河及辽河河道总长 58.75km，东西最宽处 550m，项目区河道宽 70~120m。湿地公园分为 5 个功能区，即保育区、生态恢复区、宣教展示区、合理利用区、管理服务区。其中，保育区面积为 1703.73ha，占湿地公园总面积的 62.55%；生态恢复区面积 647.62ha，占湿地公园总面积的 23.78%；宣教展示区面积 340.58ha，占湿地公园总面积的

12.50%；合理利用区面积 16.60ha，占湿地公园总面积的 0.61%；管理服务区面积 15.40ha，占湿地公园总面积的 0.56%。

根据辽宁省及康平县当地调查资料，康平辽河国家湿地公园内维管束植物共有 39 科 84 属 160 种。其中，蕨类植物 4 科 4 属 7 种，被子植物 35 科 80 属 153 种，有国家 II 级保护植物野大豆 1 种。

（1）世界广布的有 27 科，占康平辽河国家湿地公园种子植物总科数的 77.14%。在康平辽河国家湿地公园广泛分布的有香蒲科（*Typhaceae*）、莎草科（*Cyperaceae*）、蔷薇科（*Rosaceae*）、毛茛科（*Ranunculaceae*）、蓼科（*Polygonaceae*）、藜科（*Chenopodiaceae*）、堇菜科（*Violaceae*）、禾本科（*Gramineae*）、豆科（*Leguminosae*）、车前科（*Plantaginaceae*）等。

（2）泛热带分布的有 4 科，约占康平辽河国家湿地公园种子植物总科数的 11.43%，有天南星科（*Araceae*）、藤黄科（*Guttiferae*）、鸭跖草科（*Commelinaceae*）、凤仙花科（*Balsaminaceae*）。

（3）北温带和南温带间断分布的有 4 科，约占康平辽河国家湿地公园种子植物总科数的 11.43%。有杨柳科（*Salicaceae*）、牻牛儿苗科（*Geraniaceae*）、灯心草科（*Juncaceae*）、黑三棱科（*Sparganiaceae*）。

2.1.2.2 辽河七星湿地公园

辽河七星湿地公园地处辽河岸边，位于沈北新区西北部，跨黄家、石佛两个街道，占地 867ha。园区内建设主要以辽河水面风景为主。通过建设"滩地、岸边、水面"相结合的流域生态保护工程，把环境优美、风光宜人的自然旅游资源和人造景观有机地结合为一体，达到防风固土、改善水质、美化环境、恢复生态的目的，并将其打造成"亲山近水、回归自然、觅古寻踪、多元文化"的七星旅游经济区内的一大亮点，使辽河重新焕发夺目光彩，成为辽河保护开发的重要节点。

七星湿地流域的植被属华北、长白、蒙古植物区系交汇地带，湿地内野生植物种类多样，组成了水生植物等多种植被群落类型。其中，国家 II 级重点保护野生植物 2 种，有莲和野大豆；苔藓植物 3 科 5 属 7 种，包括叉钱苔、浮苔、水藓、狭叶水藓、鳞叶水藓等；蕨类植物共 5 科 5 属 9 种，包括蕨、槐叶萍、问荆、中华鳞毛蕨、广布鳞毛蕨等；种子植物 27 科 67 属 93 种，如辽杨、垂柳、桑、牵牛、蒲公英、水稗、浮萍等。

由于湿地内水面面积较大，大部分原有植被已经被淹没于水下或死亡，木本植被较少，只保存在堤岸、河漫滩处及水面岛屿上，形成了林地。林地主要分布在堤岸、河漫滩处，树种以杨树、柳树为主。而菖蒲、香蒲、芦苇、浮萍、金鱼藻等湿地植物广泛分布在滨岸带、水岛上及水体中。河漫滩、沼泽地的植被覆盖以自然生长的湿地植物和人工林为主。由于湿地中的浮水植物、沉水植物、水生植物、湿生植物群落面积大，隐蔽性好，为迁徙鸟类的栖息、觅食和繁殖提供了有利条件。

2.1.2.3 卧龙湖自然保护区

卧龙湖自然保护区隶属沈阳市辖区，位于辽宁省北部的康平县中部，紧邻康平县县城的西边。处于内蒙古科尔沁沙地南缘，辽河上游西岸。东西长约 17km，南北宽约 13km，总面积 12750ha。在卧龙湖湿地中，植物群落构成了湿地生态系统的基本骨架，是湿地构成的基本要素。调查发现，湿地生境中包含灌丛群落植物 53 种、草甸植物 38 种、湿生植物 17 种、挺水植物 8 种、浮叶植物 11 种、沉水植物 5 种；隶属于 17 科、23 属（见表 2-2）。

表 2-2　卧龙湖湿地重要植物物种

中文名	拉丁名	英文名	说明
东方香蒲	*Typha orientalis*	Bulrush	广布种
扁秆藨草	*Scirpus planiculmis*		广布种
芦苇	*Phragmites australis*	Common reed	广布种
短芒大麦草	*Hordeum brevisubulatum*		耐盐碱物种
碱茅	*Puccinellia distans*	Weeping alkaligrass	耐盐碱物种
马蔺	*Iris lactea*	Milky iris	耐盐碱物种
猪毛菜	*Salsola collina*	Slender Russian thistle	耐盐碱物种
草泽泻	*Alisma gramineum*	Narrowleaf water-plantain	内陆湿地特有物种

续表

中文名	拉丁名	英文名	说明
东方泽泻	*Alisma orinentale*	Water-plantain	内陆湿地特有物种
黑三棱	*Sparganium stoloniferum*	Stoloniferous bur-reed	内陆湿地特有物种
花蔺	*Butomus umbellatus*	Flowering rush	内陆湿地特有物种
石龙芮	*Ranunculus sceleratus*	Celery-leaved buttercup	内陆湿地特有物种
水葫芦 / 圆叶碱茅茛	*Halerprstes cymbalaria*	Alkali buttercup	内陆湿地特有物种
水毛茛	*Batrachium bungee*		内陆湿地特有物种
兆南灯心草	*Juncus taonanensis*		内陆湿地特有物种
头状穗莎草	*Cyperus glomeratus*	Glomerate flatsedge	内陆湿地特有物种
野荸荠	*Heleocharis plantagineiformis*		内陆湿地特有物种
野慈姑	*Sagittaria trifolia*	Chinese arrowhead	内陆湿地特有物种
皱叶酸模	*Rumex crispus*	Curly dock	内陆湿地特有物种
白蔹	*Ampelopsis japonica*	Bushkiller	药用经济植物
萝摩	*Metaplexis japonica*	Rough potato	药用经济植物
掌裂蛇葡萄	*Ampelopsis delavayana*		药用经济植物

受湿地水深和水体营养条件的限制，植物群落从湖岸向湖心呈现明显的带状分布，其主导植物群落依次为灌丛植物群落、草甸植物群落、湿生植物群落、挺水植物群落、浮叶植物群落、沉水植物群落（见表2-3）。

表2-3　卧龙湖湿地植物群落

名称	描　述
香蒲—芦苇群落	建群种植物为香蒲，高约 2.0~2.5m，植株中上部一般高出水面 1~1.5m。群落中混生有宽叶香蒲、狭叶香蒲、少量的芦苇及菰，香蒲群落在卧龙湖各种植物群落中所占面积最大。芦苇植物群落中，建群种为芦苇，植物成体高 1.5~2.0m，植株中上部高出水面 0.5~1.0m，群落中混生有香蒲和菰。此类群落在卧龙湖占有较大面积，是一些鸟类物种重要筑巢栖息地，如大麻鳽、黄苇鳽和一些芦苇雀（如东方大苇莺）

续表

名称	描　　述
睡莲—格菱—槐叶萍群落	建群种为睡莲，植株成体高 1.5~2.0m，植株中上部高出水面 5m 左右，群落中混生有格菱、浮萍、槐叶萍等。这类群落主要由荷花（莲属）构成，是夏季来此筑巢的鸟类的主要繁殖和觅食场所（如燕鸥等）。另外，该群落对鱼类十分重要，尤其是冬季卧龙湖处于冰冻状态时。很多品种如花毛茛属、茶陵、泥炭藓属可以直接在水中释放氧气。即便水体已经完全处于冰冻状态，这些植物通过根部吸收沉积物中的二氧化碳，并在每小时释放 3~8g 氧气
扁秆藨草—圆叶碱毛茛群落	扁秆藨草高 35~40cm，分盖度 50%，多度 Cop1。下层优势种为圆叶碱毛茛，高 3~4cm，盖度 60%。群落中混生少量柳叶刺蓼、槽秆荸荠等，地面常积水 3~4cm。群落存在于湖区南部，是白鹤等迁徙候鸟的主要食物来源
鹅绒委陵菜—鹤甫碱茅群落	生境偏湿，建群种为鹅绒委陵菜，高 4.5cm，多度 Cop3，盖度 80%，群落中混生有大量鹤甫碱茅，高 4cm，多度 Cop1，还有羽毛荸荠、芦苇、藨草和灯芯草等。该群落类型中，鹅绒委陵菜为匍匐草本植物，碱茅为直立草本，充分利用了群落空间。另外，碱茅生长区土壤动物多样性较为丰富
羊草—糙隐子草群落	分布在一级阶地的堤坝顶部和斜坡上，坡度 15~20°，呈间断分布。建群种羊草高 20~30cm，多度 Cop1，盖度 40%~50%。群落中混生有小远志、糙隐子草、黄花蒿等。该群落建群种均为优良牧草，是食草动物的主要食物来源
杠柳—羊草群落	分布在湖滨阶地斜坡上，成小片生长，杠柳高 60cm，盖度 30%~40%，混生有少量欧李、白莲蒿、兴安胡枝子和细叶胡枝子等。草本植物层的优势种为羊草，高 40cm，均匀分布在群落中，其中混生有草木樨、小远志、鬼针草、狗尾草、黄花蒿和老鹳草等

卧龙湖湿地湖岸带主要植物组成有香蒲、菖蒲、芦苇、青绿苔草、矮蒿、浮毛茛、野大豆等，由湖岸阶地向湖泊中心方向植物群落依次如下。

（1）灌丛植物群落的优势种依次为细叶胡枝子（*Lespedeza juncea*）、欧李（*Cerasus humilis*）、白莲蒿（*Artemisia sacrorum*）、杠柳（*Periploca sepium*）、叶底珠（*Flue ggea suffruticosa*）、山杏（*Armeniaca sibirica*）。

（2）草甸植物群落主要以羊草（*Leymus chinensis*）为建群种，混生小远志（*Polygala tatarinowii*）、糙隐子草（*Cleistogenes squarrosa*）、黄蒿（*Artemisia scoparia*）等；间隔分布蕨麻（*Potentilla anserina*）群落和短芒大麦草（*Hordeum brevisubula tum*）群落。

（3）湿生植物群落一般在湖泊水面周边，地面常有积水深 2~5 cm。下层的优势种主要是圆叶碱毛茛（*Halerpestes cymbalaria*），上层优势种则主要为扁秆蔗草（*Scirpus compactus*）群落、萤蔺（*Scirpus juncoides*）群落和槽秆荸荠（*Eleocharis mitracarpa*）群落。

（4）挺水植物群落主要包括香蒲（Typha orientalis）植物群落和芦苇（*Phragmites communis*）植物群落；香蒲群落在卧龙湖湿地各种植物中所占的面积最大，盖度约为90%。挺水植被成体高大，高约1.5 ~2.5 m，植株中上部一般高出水面 0.5 ~1.5 m。

（5）浮叶植物群落主要由以菱属（*Trapa Linn*）、荇菜属（*Nymphoides Seguier*）、睡莲属（*Nymphaea Linn*）、芡实（*Euryale ferox*）、眼子菜（竹叶眼子菜、菹草眼子菜、篦齿眼子菜）等为优势种的大型浮叶植物群落和以浮萍（*Lemna minor*）为优势种的小型浮叶植物群落（浮萍、紫萍和槐叶苹等）组成。

（6）沉水植物群落主要以穗状狐尾藻（*Myriophyllum spicatum*）为优势种，此外还有茨藻属（*Najas*）中的4个种分布，分别为大茨藻（*Najas marina*）、小茨藻（*Najas minor*）、草茨藻（*Najas graminea*）和纤细茨藻（*Najas gracillima*）。穗状狐尾藻长达 80~100 cm，在水中形成密集的群体。

2.2 水生植物研究与应用

2.2.1 研究植物

通过查阅水生植物净化试验的相关文献，我们整理统计出国内当前研究中的水生植物种类 60 余种（见表 2-4）。从表 2-4 中可以发现，研究较多的植物品种仍以挺水植物为主，浮水植物次之，沉水植物最少。

表 2-4　研究水生植物品种

挺水植物			浮水植物	沉水植物
芦苇	鸢尾（黄花鸢尾、德国鸢尾）	水竹	大藻	黑藻
千屈菜	蕹菜（空心菜 / 水雍菜）	鱼腥草	睡莲	狐尾藻
香根草	风车草（旱伞草）	玉带草	慈姑	金鱼藻
再力花	水芹（芹菜）	石菖蒲	芡实	伊乐藻
灯芯草	水葱（花叶水葱）	紫芋	菱角	菹草
荷花	美人蕉（水生美人蕉）	象草	水绵	苦草（刺苦草、常绿苦草）
荇菜	菰（茭白 / 茭草 / 野茭白）	酸模	浮萍（紫背浮萍）	眼子菜
梭鱼草	芦竹（花叶芦竹、芦荻）	水芋	槐叶萍	梅花藻
蔍草	香蒲（宽叶香蒲、窄叶香蒲、小香蒲）	韭菜	凤眼莲（水葫芦 / 凤眼莲）	篦齿眼子菜
石龙芮	菖蒲（黄菖蒲、花叶菖蒲）	豆瓣菜	满江红	马来眼子菜
马蹄莲	莎草（细叶莎草、水莎草）	花皇冠	紫叶酢浆草	
萍逢草	水蓼（红蓼）	薏苡	黄花水龙	
水鳖	水花生（空心莲子草 / 革命草）			
泽泻	半夏（三棱草）			

2.2.2　工程常用水生植物

虽然可供选择的水生植物资源较多，但是能够形成培育规模并在市场上稳定销售的植物品种较为有限，实际工程中可采购到的水生植物类型并不多。通过对东北和华中地区进行市场调研，同时结合对已建工程植物种植情况的调查结果可知，汇集国内工程中常用的水生植物种类约 40 种（见表 2-5）。

表 2-5 工程常用水生植物名录

类型	品种	类型	品种
挺水植物	芦苇；香蒲（长苞香蒲、小香蒲）；菖蒲；黄菖蒲；石菖蒲；荷花；水葱；泽泻；慈姑；茭白；雨久花；水生美人蕉；千屈菜；红蓼（水蓼）；三棱草（半夏）；再力花；风车草；鸢尾（德国鸢尾、黄花鸢尾）；芦竹（花叶芦荻、花叶芦竹）；香根草；水芹；鱼腥草；纸莎草（风车草）；灯芯草；藨草；马蹄莲；梭鱼草；芋；石龙芮；空心菜	浮叶植物或漂浮植物	睡莲；凤眼莲；大薸；荇菜；菱；水鳖；浮萍；槐叶萍；满江红
		沉水植物	狐尾藻；黑藻；苦草；金鱼藻；菹草；伊乐藻；眼子菜；篦齿眼子菜、竹叶眼子菜等

2.3 水生植物区域分布

我国地形地貌条件复杂、水系繁多，河塘沟渠等遍及各地，为水生植物的分布创造出良好的条件。综合地理位置、自然地理、人文地理的特点，可以把我国划分为四大地理区域，即北方地区、南方地区、西北地区和青藏地区。其中，秦岭、淮河一线是北方地区和南方地区的分界线。大兴安岭—阴山—贺兰山为北方地区和西北地区的分界线。我国青藏地区和西北地区、北方地区、南方地区的分界线，大致是第一级阶梯和第二级阶梯的分界线。

与陆生植物有所不同，水生植物的分布主要受水分条件的影响，与气象因素的关系相对较弱，因而其分布往往表现为跨地带性的，一般呈斑点或条状嵌入受气候等因素决定的地带性植被中，只有少部分水生植物类群呈现出地区特有的属性，因而被视为非地带性植物。但是，由于大多数自然处理的污染物吸收和净化过程需要微生物共同参与完成，而气温对微生物活性的影响非常明显，因此污水的自然生化处理一般也按照气温高低来选择相关参数。

按照气候特征的差异，我国又可划分为季风气候、大陆性气候和高原山地气候三个区域。其中，依据年均气温划分，季风气候区由南向北又分为热带季风、亚热带季风和温带季风气候区。2017 年，住房和城乡建设部（以下简称住建部）发布的《污水自然处理工程技术规程》（CJJ/T 54—2017）中提出：以 8℃和 16℃为分界点，将按照污水自然处理工程所在地区的年平均温度划分为三个区域。北京大学许劲松教授按照多年 5 天滑动平均气温稳定通过 ≥ 10℃天数指标及其他气象要素（如 ≥ 10℃积温、平均气温等）对中国气候进行分区的方法，与水生植物生长所需环境指标能够很好地结合，可用于指导水生植物分区。

对于水生植物而言，气候要素是影响其种群大尺度分布的主要因素，一定程度上决定着植物的生长规律。由于污水的自然处理过程与植物的生长速度、生长期等均有较大关系，因而工程中经常按照气候分区来选择水生植物。温度是影响植物生长发育最重要的因素之一，它制约着植物的生长发育速度及植物体内的一切生理生化变化，与水分一起决定着植物的分布界限。部分水生植物对温度的耐受能力较强，分布范围较广，如挺水植物中的芦苇、香蒲、菖蒲、荷花，浮水植物中的睡莲及沉水植物中的狐尾藻等在全国范围均有分布。然而，对于大部分水生植物而言，不仅需要在一定温度才能开始生长发育，还需要有一定温度总量才能完成其生活周期。因此，只有当环境条件中的气温超过水生植物在某个阶段或者整个生命周期内的有效积温，水生植物才能够正常生长。为此，本研究课题组按照气候带分区，以每年 ≥ 10℃天数为依据，根据植物生长所需要的有效积温对水生植物进行分区（见表 2-6）。

表 2-6　常用水生植物气候分区

区号	分区	主要指标（天）	≥ 10℃积温（℃）	供选植物种类
I	寒温带	$d_{\geqslant 10℃} < 100$	<1600	千屈菜、水葱等；菱；菹草、眼子菜、黑藻等

续表

区号	分区	主要指标 （天）	≥ 10℃积温 （℃）	供选植物种类
II	中温带	$100 \leqslant d_{\geqslant 10℃} < 171$	1600~3400	千屈菜、水葱、藨草、鸢尾、马蹄莲、梭鱼草、水蓼、芋等；大薸、菱、凤眼莲、水鳖、浮萍；槐叶萍等；菹草、苦草、黑藻、金鱼藻等
III	暖温带	$171 \leqslant d_{\geqslant 10℃} < 218$	3200~4800	美人蕉、水葱、灯芯草、风车草、再力花、水芹、千屈菜、鸢尾、茭白、纸莎草、石龙芮等；菱、凤眼莲、水鳖、荇菜、芡实等；菹草、苦草、黑藻、伊乐藻、篦齿眼子菜、竹叶眼子菜等
IV – VI	亚热带	$218 \leqslant d_{\geqslant 10℃} < 365$	4500~8000	风车草、水葱、茭白、再力花、美人蕉、芦竹、慈姑、千屈菜、鸢尾、香根草、蕹菜、鱼腥草、水芹等；菱、荇菜、水鳖、芡实等；黑藻、眼子菜等
VII – IX	热带	$d_{\geqslant 10℃} = 365$	8000~9000	再力花、芦竹、茭白、风车草、美人蕉、香根草、马蹄莲、鱼腥草、水芹等；王莲、荇菜；苦草、眼子菜等
全国				芦苇、菖蒲、香蒲、荷花等；睡莲；狐尾藻等

2.4　水生植物生境适应性评估

2.4.1　生境适应性评估

水生植物的筛选是水生态系统修复的重要环节，而适宜的生长环境是水生植物健康生长的必要条件，对水生植物的选择必须根据所在环境条件来决定。在水生植物与环境的相互关系中，一方面，环境能影响和改变植物的形态结构和生理生化特性；另一方面，植物以自身的变异来适应外界环境的变化。为了考察水生植物对环境条件的适应程度，本研究课题组从水生植物生长所必需的五大环境要素出发，建立了水生植物的生境适应性评估方法。五大环境要素包括光照、大气、水分、土壤和养分，评估指标亦从上述五个方面进行筛选。

2.4.1.1　光照

光照对水生植物的生长发育起到决定性作用，植物通过光合作用合成有机物，并释放出氧气。植物对光照强度的要求是通过光补偿点和光饱和点表示的，光补偿点是光合作用所产生的碳水化合物和呼吸作用消耗的碳水化合物达到动态平衡时的光照强度；光饱和点是植物光合强度达到最大值时的光照强度。除此之外，日照时数对植物的开花和结果也有一定影响。只有当日照时数超过某个时数值时，植株才能顺利地完成花芽分化并形成花芽，否则，就只能停留在生长阶段（Stottmeister，2003）。

2.4.1.2　大气

空气的温度和湿度变化直接影响着植物的光合作用和代谢活动。当受到低温或高温胁迫时，植物体能量代谢水平下降，各种代谢活动减慢，故温度与植物的休眠和萌发关系密切。空气湿度主要影响植物的蒸腾、光合、病害发生及生理失调等，湿度过大或过小都会导致气孔关闭，湿度过高还会造成叶面水分凝结，导致细胞破裂、植株软弱。此外，大气成分中的氧气、二氧化碳气体是水生植物完成光合作用和呼吸作用的必要成分，但由于各地区大气成分的差异较小，对水生植物的分布影响不显著。

2.4.1.3　水分

水是构成植物体的最主要物质，也是影响水生植物生存的重要因素。植物根系和叶片均能吸收水分，参与植物的生理活动。其中，水深决定着水生植物的分布、生物量和物种结构等（Douglas，2002），它通过影响光照衰减、底泥再悬浮以及植物的呼吸、气体交换等过程，改变植物的形态和生物量。水流运动还会对水生植物产生拉伸、扰动和拖拽等作用，流速过大还会显著增加底泥沉积物的再悬浮，影响沉水植物的固着和光吸收，从而影响水生植物的生物量和多样性。此外，过量的盐分会干扰营养离子平衡和渗透胁迫，影响植物光合、生长、脂类代谢和蛋白质形成等所有生命代谢过程。不同植物对盐分的耐受性不同，盐分超过一定浓度，植物的生长将受到抑制，甚至死亡。

2.4.1.4 土壤

土壤作为水生植物生存的重要因子，其作用主要体现在理化特性等对植物群落结构的影响上。其中，土壤质地、土壤孔隙对土壤的通透性、持水性，以及养分释放和移动、微生物活动和热特性等都有很大的影响，是评价土壤肥力和作物适应性的重要依据。此外，南北方土壤的酸碱度存在显著差异，南方多为酸性土，北方土壤则偏碱性，种植时需要考虑植物的酸碱能力。在淹没线以上的湿生环境下，土壤含水量和土壤温度也是影响水生植物分布的重要影响因素。

2.4.1.5 养分

植物在生长发育过程中，除了需要上述要素以外，还必须不断地从外界吸收所必需的各种营养元素并进行同化，以维持其正常的生命活动。氮素被称为生物的"生命元素"，不仅能促进叶绿素的形成和蛋白质、核酸的合成，还是各种酶和维生素的重要成分。磷在植物体内的含量仅次于氮和钾，植物体内的核酸、核蛋白、磷脂、植物激素、酶及磷酸腺苷等都是含磷有机物，这些物质都参与植物体内重要的代谢过程。钾是重要的酶活性剂，可以促进植物的光合作用和氮的代谢，提高植物对氮素的吸收利用能力，增加蛋白质含量。它还参与碳水化合物的代谢、运输及叶片气孔的开闭，能够提升植物的抗逆性能。此外，钙、镁、硫、铁等微量元素也是植物生长必不可少的元素，但在大部分环境下植物的微量元素都能够得到满足。

基于以上环境因子的影响，本研究选择 5 个方面共 17 项指标作为生境适应性评价指标。上述指标均为水生植物正常生长的必要条件或影响植物生长的主要因素，按照"环境决定结构"的原则，通过环境条件筛选水生植物类型，构建出水生植物的生境适应性评价指标体系（见表 2–7）。

表 2-7 水生植物生境适应性评价指标体系

序号	一级指标	二级指标	环境条件		植物的适应范围	
			最小值 A_s	最大值 A_e	最小值 B_s	最大值 B_e
1	光照	光照强度	—	—	—	—
		日照时数	—	—	—	—
2	大气	空气温度	—	—	—	—
		空气湿度	—	—	—	—
3	水分	水　深	—	—	—	—
		流　速	—	—	—	—
4	水分	水　温	—	—	—	—
		透明度	—	—	—	—
		含盐量	—	—	—	—
5	土壤	质　地	—	—	—	—
		孔隙度	—	—	—	—
		含水量	—	—	—	—
		酸碱性	—	—	—	—
		土壤温度	—	—	—	—
6	养分	无机氮	—	—	—	—
		可溶性磷	—	—	—	—
		可溶性钾	—	—	—	—

注：表中各指标的具体值需根据当地环境和目标植物调查结果获得。

2.4.2　综合适应度计算

依据生境适应性评价指标体系，构建出每种种植条件下的评价模型。依据环境要素区间与植物对环境要素适宜范围的重合度，计算出每种水生植物在特定种植条件下的分适应度 F_n。按照两个区间的位置关系，水生植物对环境条件的适应范围与环境条件之间将出现如图 2-1 所示的六种情景。

情景①②：$F_n = 0$

情景③：$F_n = \dfrac{B_e - A_s}{A_e - B_s}$

情景④： $F_n = \dfrac{A_e - B_s}{A_e - A_s}$

情景⑤： $F_n = \dfrac{B_e - B_s}{A_e - B_s}$

情景⑥： $F_n = 1.0$

需要注意的是，两个区间重叠的必要条件为 $\text{Max}(A_s, B_s) \leqslant \text{Min}(A_e, B_e)$。式中，$A_s$ 和 B_s 分别代表环境条件和植物可适应条件的最低值，A_e 和 B_e 分别代表环境条件和植物可适应条件的最高值。

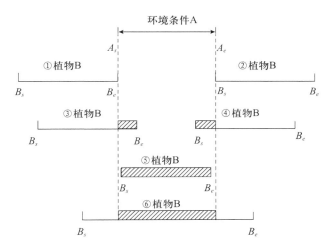

图 2-1　环境条件与植物适应值间的关系

由于上述环境条件均为水生植物生长所需的必要条件，任何一项超出范围都将导致植物的枯萎或死亡。为此，计算水生植物对生态环境的综合适应度需充分考虑各项指标的必要性。基于对各项指标的均衡考虑，将各项分适应度乘积的 n 次开方作为综合适应度，即：

$$F_t = \sqrt[n]{\prod_{n=1}^{n} F_n} \tag{2-1}$$

根据式（2-1），计算每种植物在某种环境条件下的综合适应度，从而实现对某生长环境下的植物种类的筛选，建立起适合于该环境的水生植物备选库。按照上述环境因素对水生植物的影响，考虑工程常用水生植物在全国的空间分布。

2.5　小结

从水生植物资源调查过程中可以发现，水生植物的空间尺度分布主要由两个方面的因素控制，在较大尺度空间分布主要受气象要素的地带性差异所控制，而在较小尺度空间分布主要受水分等要素控制。水生植物群落的组成往往以某一种植物为建群种，其他物种根据其生长习性及环境条件而伴生。本章中提出的生境适宜性评估体系从水生植物生长所必需的条件（包括光、气、水、土和肥）出发，根据环境条件和植物适应性间的匹配程度，建立起水生植物筛选和评估方法。基于上述思路，对比我国南北地区环境要素的差异程度，建立起基于有效积温的水生植物地域性分区方法。

3

南方地区水生植物污水净化效能试验研究

我国南方地区热量资源丰富且年温差较小，冬季温度比北方地区高，雨水也较为丰沛，这些气候条件均有利于水生植物的生长发育。相比而言，同一种类的水生植物在南方地区的植株生长期更长、萌芽和分生更快、长势和体量更高大。绝大部分北方水生植物在冬季以地上部分枯萎、地下部分休眠度过寒冬；在南方，许多同种类的植物却是常绿的。一些抗寒性差的种类，如旱伞草、纸莎草、紫芋等在北方种植时长势欠佳或难以露地越冬。对于水生植物应用于园林景观而言，南方地区水生植物分生过快、长势过旺，难以控制，易造成疯长，影响景观效果。南北差异问题处理不好，会使水生植物生长不良，甚至死亡，不仅会影响到景观效果，而且其污水净化能力也会受到影响。为此，有必要探明南北气候差异对水生植物污水净化机制的影响。

3.1　研究内容

为了明确南方地区水生植物在不同污水环境下的污水净化效能，以及水生植物的生长状态差异，探究水生植物生长在亚热带气候下的污水净化机制，本研究课题组选择在长沙市开展相关污水净化试验研究。长沙市位于我国南方地区的居中位置，其气候特征具有较强的代表性，研究成果可辐射江浙和西南地区。课题组选择长沙市常见的挺水植物品种，开展四种污水环境下的污水净化试验，监测项目包括水生植物生长状态、污水常规水质指标及植物根系的酶活性等，旨在对比分析水生植物对污染物的净化能力、传氧能力等，并分析污染负荷对植物生长状态等指标的影响。

3.2 材料与方法

3.2.1 试验材料

3.2.1.1 供试植物

受自然条件和气候条件的影响，我国南北方挺水植物种群存在差异，同类植物生长状况也有差别。通过对比南北地区植物资源差异，以及不同挺水植物的生长特点和耐温耐湿能力等因素，我们选取其中六类工程常用挺水植物作为南方地区水生植物的典型代表开展本试验，分别为香根草、花叶芦竹、风车草、再力花、鱼腥草和水芹菜（见图 3-1 和表 3-1）。

| (a) 香根草 | (b) 花叶芦竹 | (c) 旱伞草 |
| (d) 再力花 | (e) 鱼腥草 | (f) 水芹菜 |

图 3-1　供试植物类型

表 3-1 供试植物种类

植物名称	科属	生长类型	适宜生长温度℃
香根草	禾本科	多年生草本植物，喜湿润、肥沃土壤，耐涝及耐寒性强	10～40
花叶芦竹	禾本科	属多年生草本植物，喜光、喜温、耐水湿，不耐干旱和强光	18～35
旱伞草	莎草科	属多年生粗壮草本植物，气候适应性广；生长于水湿溪流旁和疏松黏壤土	15～25
再力花	竹芋科	属多年生挺水草本植物，好温暖水湿、阳光充足的气候环境，不耐寒，入冬后地上部分逐渐枯死，以根茎在泥中越冬	20～30
鱼腥草	三白草科	属多年生草本植物，较耐寒；生于山地、沟边、塘边、川埂或林下湿地	15～20
水芹菜	伞形科	属多年生草本植物，性喜温暖、阴湿及通风良好的环境，不耐寒冷	15～25

3.2.1.2 供试污水

使用葡萄糖、氯化铵、磷酸二氢钾、硝酸钾等进行模拟配制四种浓度的污水，分别对应《地表水环境质量标准》（GB 3838-2002）的Ⅳ类和Ⅴ类以及《城镇污水处理厂污染物排放标准》（GB 18918-2002）的一级 A 和二级标准。将上述污水浓度分别编号为 T_1、T_2、T_3 和 T_4（见表 3-2）。

表 3-2 污水浓度指标

污染指标	Ⅳ类（T_1）	Ⅴ类（T_2）	一级 A（T_3）	二级（T_4）
总磷（mg/L）	0.30	0.40	0.50	3.00
总氮（mg/L）	1.50	2.00	15.0	—
氨氮（mg/L）	1.50	2.00	5.00	25.0
化学需氧量（mg/L）	30.0	40.0	50.0	100.0

3.2.1.3 湿地基质

为了便于固定植物根系，在试验装置底部铺设少量基质。为尽量减少基质吸附对试验的影响，试验以冲洗后的鹅卵石作为基质，鹅卵石直径 0.5cm。

3.2.2 试验设计

试验模拟自然环境下挺水植物的生长过程，在长沙理工大学云塘校区水利馆楼顶搭建透明大棚。大棚四周通风，仅用于挡雨，避免雨水对试验造成影响，具体大棚照片如图 3-2 所示。挺水植物从花卉市场购入，选择生长趋势较好且无黄色枯萎叶片，长势相对一致、形态差异不大的挺水植物作为培养对象。清洗植物根部泥土，以消除植物自身所带物质对试验的影响。

图 3-2　六种挺水植物在不同污水浓度下的状态

基于当前城市污水厂污染物排放水质现状，我们分别选择二级、一级 A、V 类和Ⅳ类标准作为试验供试污水浓度。试验组：六类挺水植物分别栽种在四类污水中，有 24 种组合，每个组合各 3 组平行样，即 72 组。空白对照：四类污水设置空白对照组，各有 3 组平行样，即 12 组。植物用自来水水培两周后，清理挺水植物枯萎叶片和腐败根系，分别植入盛有四类污水的花盆中，种植密度均为每盆 5 株，定期使用被太阳曝晒除氯后的自来水以补充水分蒸发和植物蒸腾作用所消耗的水分，以保持水位一致。

试验于 4 月 28 日开始至 6 月 28 日结束，周期为 60 天。从 5 月 5 日开始监测污水中的总磷、总氮、氨氮、化学需氧量、溶解氧、pH 以及植物过氧化氢酶活性、根系活力、株高、茎粗和根系长度。其中，总磷、总氮、氨氮、化学需氧量、株高监测频率为每周一次；溶解氧、pH 监测频率为每周两次；茎粗、根系长度监测频率为每 20 天一次；过氧化氢酶活性、根系活力监测频率为每月一次。每次取样时间为上午 9：00~9：30。水样采集时用注射器抽取水面下 3cm 处水样，每次取样 20ml。

3.2.3　试验方法

3.2.3.1　水样分析测定方法

水样检测方法参考《水和废水监测分析方法（第四版）》，具体检测指标和方法如表 3-3 所示。

表 3-3　水样检测指标及方法

检测指标	分析方法	方法来源
总磷（TP）	钼酸铵分光光度法	GB 11893-89
总氮（TN）	碱性过硫酸钾消解紫外分光光度法	GB 11894-89
氨氮（NH_4^+-N）	纳氏试剂分光光度法	HJ 535-2009
化学需氧量（COD）	重铬酸钾分光光度法	GB 11914-89
溶解氧（DO）	溶解氧测定仪法	—
pH	pH 检测仪法	—

3.2.3.2　植物生长指标测定方法

（1）株高和根系：用卷尺（或细绳）测量植物从根茎开始至植物叶片的最顶端，每周测量同一棵植株。

（2）茎粗：用卷尺测量植物最粗的根茎，每次测量同一棵植株。

（3）根系活力：TTC 法，氯化三苯基四氮唑（TTC）是标准氧化电位为 80mV 的氧化还原色素，溶于水中成为无色溶液，但还原后即生成红色而不溶于水的三苯甲腙，生成的三苯甲腙比较稳定，不会被空气中的氧自动氧化，所以 TTC 被广泛用作酶试验的氢受体，植物根系中脱氢酶所引起的 TTC 还原，可因加入琥珀酸、延胡索酸、苹果酸得到增强，而被丙二酸、碘乙酸所抑制。所以 TTC 还原量能表示脱氢酶活性并作为根系活力的指标。

（4）过氧化氢酶活性：自取根茎送至专门检测公司，由植物过氧化氢酶试剂盒测得。

3.2.3.3 环境温度的测定

环境温度的检测包括大棚内室温及水温，水温和室温的测量使用温度计进行测定，与上述监测同步进行。试验期间，大棚温度保持在 25~40℃，水温保持在 15~35℃（见表 3-4），适合上述植物生长需要。

表 3-4 大棚水温室温测试数据表

指标	第 7 天	第 14 天	第 21 天	第 28 天	第 35 天	第 42 天	第 49 天	第 56 天
室温（℃）	27	30	33	25	37	38	39	38
水温（℃）	18	22	26	17	31	33	34	34

3.2.3.4 数据分析方法

分析试验数据时，以每组平行样试验结果的平均值，计算出六类挺水植物处理四类不同浓度污水第 i 天的累积去除率。累计去除率的计算方法如下：

$$R = \frac{C_0 - C_i}{C_0} \times 100\% \qquad (3-1)$$

式（3-1）中，R 为累积去除率（%）；C_0 为试验初始浓度（mg/L）；C_i 为第 i 天的浓度（mg/L）。将一个盆栽视为一个系统，则整个系统对污水的净化既有挺水植物本身的净化，也有污水的自净。试验从综合去除率和挺水植物净去除率两方面来对比分析对污水的净化效果。综合去除率指盆栽系统对污水的总的去除率；植物净去除率指植物本身对污水的去除率，即综合去除率扣除空白对照组的去除率。

3.3 结果与分析

3.3.1 水生植物对不同污染负荷的适应能力

植物根系是水分和矿质营养的主要吸收器官，也是多种物质（如氨基酸、植物激素、生物碱等）同化、转化或合成的重要器官。因此，根系的生长发育状况和根系活力强弱直接影响到植物的生命活动，而根系活力是反映植物生长的重要生理指标，它所表征的是植物根系的吸收与合成能力。根系酶活性反映的是植物根系酶催化化学反应的能力，酶催化的转化速率越快，酶活力就越高。因此，本研究以株高、茎粗及根系长度作为植物生理生长指标，以根系酶活性和根系活力作为参与污染物分解反应过程的特征指标，考量水生植物对污水环境的适应能力。

3.3.1.1 植物生长状态

（1）株高。在试验后期（6月28日），六类挺水植物植株高度（见图3-3）均高于试验前期（4月28日）的测试结果。在污水浓度为T_1时，香根草、鱼腥草的增长速度较快，分别为55.35cm、16.64cm，植株高度增长的速度排序为：香根草＞鱼腥草＞花叶芦竹＞风车草＞再力花＞水芹菜。在污水浓度为T_2时，香根草、鱼腥草的增长速度较快，分别为55.46cm、15.50cm，植株高度增长速度排序为：香根草＞鱼腥草＞花叶芦竹＞再力花＞风车草＞水芹菜。在污水浓度为T_3时，香根草、再力花的增长速度较快，分别为42.44cm、13.97cm，植株高度增长速度排序为：香根草＞再力花＞花叶芦竹＞鱼腥草＞风车草＞水芹菜。在污水浓度为T_4时，香根草的增长速度最快，为54.77cm，植株高度增长速度排序为：香根草＞鱼腥草＞花叶芦竹＞再力花＞风车草＞水芹菜。

（2）茎粗。挺水植物的茎粗变化过程如图3-4所示，试验结束时六类挺水植物的直径均高于试验前期。在T_1浓度下，花叶芦竹、香根草的增长速度较快，花叶芦竹最快为0.26cm，植物直径的增长速度排序为：花叶芦竹＞香根草＞风车草＞再力花＞鱼腥草＞水芹菜。在T_2浓度下，香根草的增长速度最快，为0.56cm，增长速度排序为：香根草＞花叶芦竹＞风车草＝再力花＞鱼

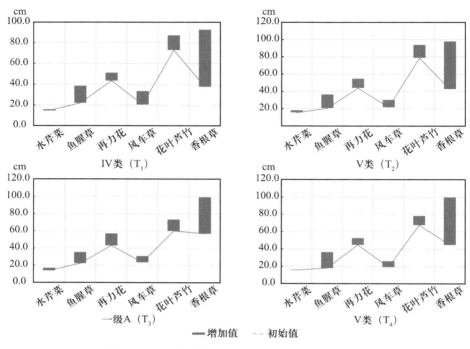

图 3-3　不同污水浓度下六种水生植物的株高变化

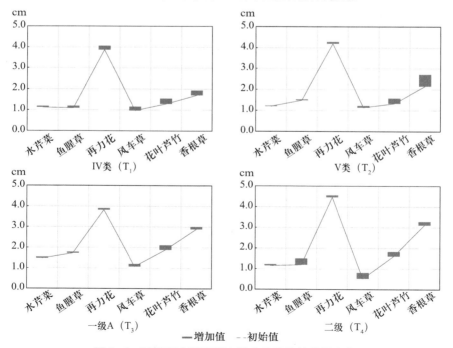

图 3-4　不同污水浓度下六种水生植物的茎粗变化

腥草＞水芹菜。在 T_3 浓度下，花叶芦竹的增长速度最快，为 0.23cm，直径增长速度排序为：花叶芦竹＞风车草＞香根草＞再力花＞水芹菜＞鱼腥草。在 T_4 浓度下，鱼腥草的增长速度最快，为 0.31cm，直径增长速度排序为：鱼腥草＞风车草＞花叶芦竹＞香根草＞再力花＞水芹菜。

（3）根系长度。植物根系长度的变化过程如图 3-5 所示，结果表明植物根系均生长良好。在 T_1 浓度下，再力花、香根草的增长速度较快，分别为 3.40cm、1.40cm，根系长度的增长速度排序为：再力花＞香根草＞风车草＞花叶芦竹＞鱼腥草＞水芹菜。在 T_2 浓度下，再力花、鱼腥草的增长速度最快，分别为 2.70cm、2.40cm，根系长度的增长速度排序为：再力花＞鱼腥草＞花叶芦竹＞风车草＞香根草＞水芹菜。在 T_3 浓度下，再力花、花叶芦竹的增长速度最快，分别为 3.20cm、1.20cm，根系长度的增长速度排序为：再力花＞花叶芦竹＞香根草＞鱼腥草＞风车草＞水芹菜。在 T_4 浓度下，根茎长度变化量最大的植物是香根草，为 2.10cm；最小的是水芹菜，为 -3.7cm。根系长度的增长速度排序为：香根草＞花叶芦竹＝再力花＞鱼腥草＞风车草＞水芹菜。

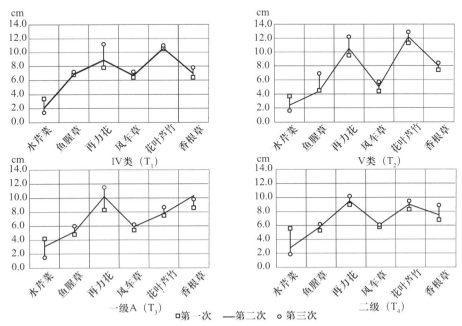

□第一次 ──第二次 ○第三次

图 3-5 不同污水浓度下六种植物的根系长度变化

由此可见，污染负荷的差异对同类水生植物的生长幅度影响不大。在试验污水浓度范围内，同类物种间的株高、茎粗和根系长度等差别甚微。不同物种间的植物生长幅度变化差异明显，其中以香根草的生物量变化最为显著，这主要与物种自身的形态特征有关。但同时也可以看到，水培试验条件对水生植物的生长存在影响，如再力花和芦竹等大型水生植物的生长受试验条件的约束，没有达到自然生长环境下的生物量，其污水净化效果可能因此遭到削减。

3.3.1.2 根系活力

在 T_1 浓度下，鱼腥草、风车草的根系活力增长速度较快，分别为 54.10mg/（g·h）和 29.47mg/（g·h），增长速度排序为：鱼腥草＞风车草＞香根草＞水芹菜＞再力花＞花叶芦竹。在 T_2 浓度下，鱼腥草、香根草的根系活力增长速度较快，分别为 65.78mg/（g·h）、19.61mg/（g·h），根系活力增长速度排序为：鱼腥草＞香根草＞风车草＞水芹菜＞花叶芦竹＞再力花。在 T_3 浓度下，鱼腥草、香根草的增长速度较快，分别为 36.03mg/（g·h）、18.41mg/（g·h），根系活力增长速度排序为：鱼腥草＞香根草＞风车草＞再力花＞水芹菜＞花叶芦竹。在 T_4 浓度下，花叶芦竹、再力花的增长速度较快，分别为 41.08mg/（g·h）、19.32mg/（g·h），根系活力增长速度排序为：花叶芦竹＞再力花＞鱼腥草＞风车草＞水芹菜＞香根草（见图 3-6）。

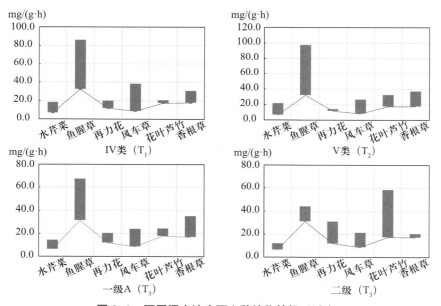

图 3-6　不同污水浓度下六种植物的根系活力

通过监测发现，水生植物的根系活力整体呈上升趋势。其中，鱼腥草的根系活力上升幅度最大，风车草、再力花和花叶芦竹增长幅度相当，而水芹菜的总体上升量较小。不同污水浓度对植物根系活力的影响存在差异，在污水浓度为二级时，鱼腥草根系活力增幅大幅缩减，而再力花和花叶芦竹的增幅明显加大。这说明不同的水生植物对污水浓度的适应范围有所不同，鱼腥草相对适应低浓度污水环境，而再力花和花叶芦竹相对适应高浓度污水环境。

3.3.1.3　过氧化氢酶活性

植物根系的过氧化氢酶活性可以指示根系微生物活跃程度，一定程度上影响植物系统对污水的净化作用。植物组织中 H_2O_2 的含量和过氧化氢酶活性与植物的抗逆性密切相关。本试验中，植物根系的过氧化氢酶活性变化过程如图 3-7 所示。试验过程中发现，除水芹菜外，其他五类挺水植物试验后期的过氧化氢酶活性均高于试验前期。在 T_1 浓度下，鱼腥草、香根草的增长速度较快，分别为 288.18U/g、80.4U/g，而水芹菜下降了 32.2U/g，过氧化氢酶活性增长速度排序为：鱼腥草 > 香根草 > 再力花 > 风车草 > 花叶芦竹 > 水芹菜。在 T_2 浓度下，鱼腥草、再力花的增长速度较快，分别为 246.6U/g、99.0U/g，而水芹菜下降了 66.8U/g，过氧化氢酶活性增长速度排序为：鱼腥草 > 再力花 > 香根草 > 花叶芦竹 > 风车草 > 水芹菜。在 T_3 浓度下，再力花、鱼腥草的增长速度较快，分别为 134.4U/g、55.0U/g，而水芹菜下降了 19.0U/g，过氧化氢酶活性增长速度排序为：再力花 > 鱼腥草 > 香根草 > 风车草 > 花叶芦竹 > 水芹菜。在 T_4 浓度下，香根草、鱼腥草的增长速度较快，分别为 145.9U/g、76.4U/g，而水芹菜下降了 5.5U/g，过氧化氢酶活性增长速度排序为：香根草 > 鱼腥草 > 再力花 > 花叶芦竹 > 风车草 > 水芹菜。

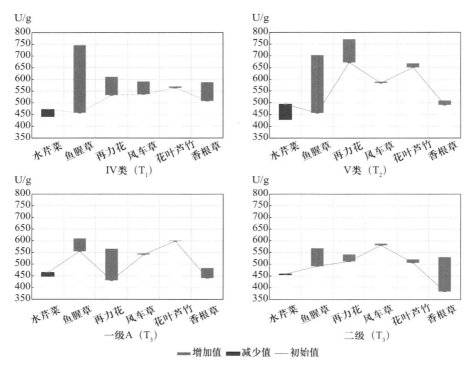

图 3-7　不同污水浓度下六种植物根系的过氧化氢酶活性

从图 3-7 可以看出，大部分植物根系酶活性都有所增强，但也有一些植物的根系酶活性不升反降，如水芹菜。鱼腥草和再力花在污水浓度为一级 A 以下时过氧化氢酶活性显著增强，而香根草在Ⅳ类和二级时增长幅度较大。花叶芦竹、风车草的增幅微弱。可以发现，根系酶活性一定程度上受到根系生长状态的影响，植物根系增长幅度越大，根系酶活性增长幅度也越大；水芹菜的根系长度减少，其根系酶活性同样下降。这说明植物根系是良好的微生物载体，根系密度越大对根系微生物生长越有利。

3.3.2　不同污染负荷下水生植物的净化能力

水体中的氮、磷及耗氧有机物等是衡量水体污染状况的重要指标，所以本研究利用六类挺水植物对四类不同浓度的污水进行处理，研究其对于污水中化学需氧量、氨氮、总氮、总磷的净化能力。

3.3.2.1 不同处理组对化学需氧量（COD）的净化效果

在 T_1 浓度下，挺水植物的综合去除率和净去除率随时间的变化趋势如图 3-8 所示。可以发现，随着试验时间的延长，污水中的化学需氧量浓度均处于下降的趋势。在试验第 7 天，花叶芦竹、风车草、香根草、水芹菜的化学需氧量综合去除率均达 60% 以上，而鱼腥草的综合去除率仅为 34.9% 左右；前四者的净去除率明显高于鱼腥草和再力花，最高去除率可达 34.4%。在第 8~21 天，六类挺水植物的净去除率均大幅下降，综合去除率在第 14 天降至最低，其中香根草的综合去除率仅为 11.5%。而在第 28 天，六种植物的综合去除率达到最高，再力花最高达到 89.91%。植物的净去除率在第 42 天时达到最大，花叶芦竹最高达到 64.4%。在试验后期，水植物综合去除率和净去除率均有所回落。总体而言，六类挺水植物对化学需氧量的去除率差距较大，六类挺水植物对于化学需氧量的累积综合去除率均保持在 53.39%~71.15% 之间，而累积净去除率均保持在 9.05%~26.8% 之间。在 T_1 浓度下，风车草和花叶芦竹、再力花对化学需氧量的整体去除效果较好，香根草、鱼腥草较差，对化学需氧量的累积去除率按大小排序为：风车草 > 花叶芦竹 > 水芹菜 > 再力花 > 鱼腥草 > 香根草。

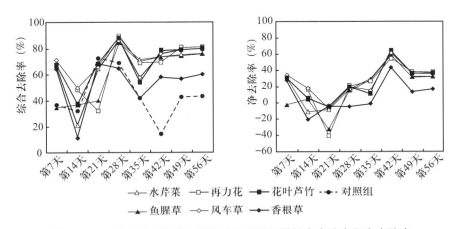

图 3-8　T_1 浓度下六类挺水植物的化学需氧量综合去除率和净去除率

T_2 浓度下六类挺水植物的化学需氧量综合去除率和净去除率变化趋势如图 3-9 所示。在试验第 7 天，六种水生植物的化学需氧量综合去除率均达到

60% 以上，而再力花的综合去除率最低为 60.89% 左右；花叶芦竹和风车草的净去除率明显高于其他植物，最高去除率可达 24.84%。在第 8~21 天，六类挺水植物的净去除率均大幅下降；综合去除率在第 14 天降至最低，其中香根草的综合去除率仅为 10.05%。而在第 28 天，六种植物的综合去除率达到最高，再力花最高达到 91.74%。植物的净去除率在第 28 天时达到最高，再力花最高达到 35.95%。之后，水生植物的化学需氧量综合去除率和净去除率均有所回落。总体而言，六类挺水植物系统对于化学需氧量的累积综合去除率均保持在 50.89%~75.14% 之间，而累积净去除率均保持在 −9.52% ~14.73% 之间。在 T_2 浓度下，风车草、再力花和水芹菜对化学需氧量的整体去除效果最好，香根草、鱼腥草较差，对化学需氧量的累积去除率按大小排序为：风车草 > 水芹菜 > 再力花 > 花叶芦竹 > 鱼腥草 > 香根草。

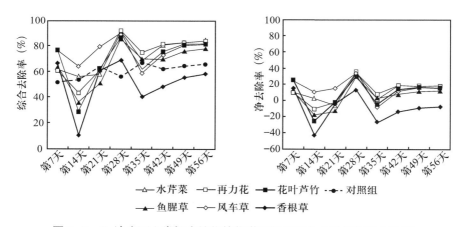

图 3-9　T_2 浓度下六类挺水植物的化学需氧量综合去除率和净去除率

在 T_3 浓度下，六类挺水植物对化学需氧量的综合去除率和净去除率随时间的变化趋势如图 3-10 所示。在试验第 7 天，六类水生植物对化学需氧量的综合去除率均达到 70% 以上，而再力花的综合去除率最低，约为 69.51%；风车草的净去除率明显高于其他植物，最高可达 20.17%。在第 8~14 天，六类挺水植物的综合去除率和净去除率均大幅下降，其中风车草的综合去除率仅为 50.49%。而在第 28 天，六种植物的综合去除率达到最高，再力花最高达到 94.85%。植物的净去除率在第 21 天时达到最大，水芹菜最高达到 29.37%。之后，水生植物对化学需氧量的综合去除率和净去除率均有所回落。总体而言，六类挺水植物对于化学需氧量的累积综合去除率均保持在 73.84%~83.74% 之间，而累积净去除率均保持在 8.33%~18.23% 之间。在 T_3 浓度下，花叶芦竹、再力花和水芹对化学需氧量的整体去除效果较好，香根草、鱼腥草较差，六类水生植物对化学需氧量的累积去除率按大小排序为：花叶芦竹 > 再力花 > 水芹菜 > 风车草 > 香根草 > 鱼腥草。

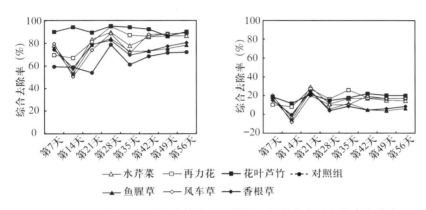

—△— 水芹菜　—□— 再力花　—■— 花叶芦竹　---×--- 对照组
—▲— 鱼腥草　—◇— 风车草　—◆— 香根草

图 3-10　T_3 浓度下六类挺水植物的化学需氧量综合去除率和净去除率

在 T_4 浓度下，挺水植物对化学需氧量的综合去除率和净去除率变化趋势如图 3-11 所示。在试验第 7 天，六类水生植物的综合去除率均接近 85%，而花叶芦竹的综合去除率最低，约为 81.1%；水芹菜的净去除率明显高于其他植物，最高可达 19.22%。六类挺水植物的综合去除率在第 8~14 天均大幅下降，其中水芹菜的综合去除率仅为 73.83%。净去除率在第 21 天达到最低，风车草最低为 –10.21%。而在第 28 天，六类植物的综合去除率达到最高，花叶芦竹最高达到 96.79%。净去除率在第 35 天时达到最高，再力花最高达到 23.89%。之后，水生植物的综合去除率保持平稳上升，净去除率均有所回落。总体而言，六类挺水植物对于化学需氧量的累积综合去除率均保持在 81.76%~89.92% 之间，而累积净去除率均保持在 7.15%~15.31% 之间。在 T_4 浓度下，再力花、花叶芦竹和水芹对化学需氧量的整体去除效果较好，香根草、鱼腥草较差，六类水生植物对化学需氧量的累积去除率按大小排序为：再力花 > 花叶芦竹 > 水芹菜 > 风车草 > 香根草 > 鱼腥草。

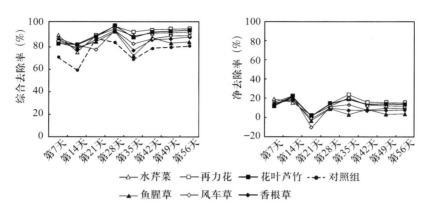

图 3-11 T₄ 浓度下六类挺水植物的化学需氧量综合去除率和净去除率

3.3.2.2 不同处理组对氨氮的净化效果

在 T_1 浓度下，六类挺水植物对氨氮的综合去除率和净去除率随时间的变化趋势如图 3-12 所示。各组试验中，污水的氨氮浓度均处于先下降后上升的趋势。在试验第 7 天，花叶芦竹、再力花、香根草的综合去除率均高于 75%，净去除率均高于 55%；而风车草、水芹菜和鱼腥草的综合去除率仅为 60% 左右，净去除率仅在 45% 左右。在试验的第 8~28 天，六类挺水植物的综合去除率和净去除率均处于下降趋势，风车草的综合去除率最低仅为 31.77%。在试验开展的第 29~35 天，除再力花外，其他五类挺水植物的综合去除率均有所回升，而净去除率均有不同幅度的下降趋势，其中再力花、风车草的下降趋势明显。之后，水生植物的综合去除率和净去除率保持

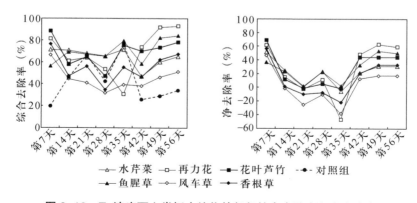

图 3-12 T₁ 浓度下六类挺水植物的氨氮综合去除率和净去除率

平稳上升，再力花、鱼腥草等回升明显。总体而言，六类挺水植物对于氨氮的累积综合去除率均保持在 44.87%~70.25% 之间，而累积净去除率均保持在 2.28%~27.65% 之间。在 T_1 浓度下，鱼腥草、再力花和花叶芦竹对氨氮的整体去除效果较好，水芹菜和风车草相对较差，对氨氮的累积去除率按大小排序为：鱼腥草 > 花叶芦竹 > 再力花 > 水芹菜 > 香根草 > 风车草。

在 T_2 浓度下，污水中氨氮的浓度在试验开始的第 14 天均已达到地表Ⅲ类水质标准（见图 3–13）。在试验第 7 天，花叶芦竹、再力花和风车草对氨氮的综合去除率均高于 85%，净去除率均高于 55%；而香根草、鱼腥草和水芹菜的综合去除率仅为 75% 左右，净去除率仅在 45% 左右。在试验的第 8~14 天，六类挺水植物的综合去除率和净去除率均处于下降趋势，风车草的综合去除率最低仅为 63.71%。在试验的第 15~21 天，六种植物的综合去除率回升，而净去除率继续下降，直至第 35 天。在试验的第 29~35 天，再力花的综合去除率继续下降至 48.98%；除再力花外，其他五类挺水植物的综合去除率均有所回升。花叶芦竹、香根草和风车草的净去除率稍有回升，其余三种植物的净去除率均有不同幅度的下降。其中，再力花、鱼腥草的下降趋势明显。之后，水生植物的综合去除率和净去除率保持平稳上升，再力花、鱼腥草等回升明显。总体而言，六类挺水植物对于氨氮的累积综合去除率均保持在 59.14%~76.31% 之间，而累积净去除率均保持在 –5.76%~11.41% 之间。在 T_2 浓度下，再力花、花叶芦竹和

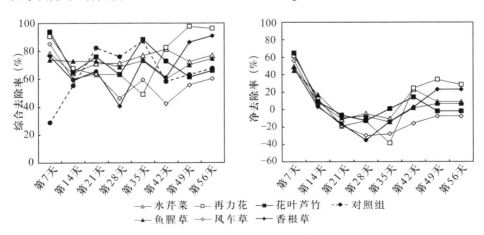

图 3–13　T_2 浓度下六类挺水植物的氨氮综合去除率和净去除率

鱼腥草对氨氮的整体去除效果较好，香根草、风车草较差，对氨氮的累积去除率按大小排序为：再力花 > 花叶芦竹 > 鱼腥草 > 水芹菜 > 香根草 > 风车草。

在污水浓度为 T_3 时，污水中的氨氮浓度在第 49 天均已达到地表Ⅲ类水质标准（见图 3-14）。在试验第 7 天，花叶芦竹、再力花、香根草的综合去除率均高于 90%，净去除率均高于 80%；而风车草、水芹菜和鱼腥草的综合去除率仅为 60% 左右，净去除率仅在 50% 左右。在试验的第 8~28 天，六类挺水植物的综合去除率和净去除率均处于下降趋势，风车草的综合去除率最低仅为 79.85%。在试验的第 29~35 天，除鱼腥草和水芹菜外，其他四类挺水植物的综合去除率均有所回升；而除了香根草，其余植物的净去除率均有不同幅度的下降趋势，其中水芹菜、鱼腥草的下降趋势明显。之后，水生植物的综合去除率和净去除率保持平稳上升，水芹菜、鱼腥草等回升明显。总体而言，六类挺水植物对于氨氮的累积综合去除率均保持在 81.58%~91.38% 之间，而累积净去除率均保持在 9.28%~19.08% 之间。在 T_3 浓度下，再力花、花叶芦竹和香根草对氨氮的整体去除效果较好，水芹菜和风车草相对较差，对氨氮的累积去除率按大小排序为：再力花 > 花叶芦竹 > 香根草 > 鱼腥草 > 水芹菜 > 风车草。

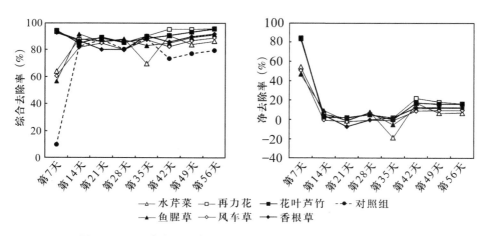

图 3-14 T_3 浓度下六类挺水植物的氨氮综合去除率和净去除率

在污水浓度为 T_4 时，污水中的氨氮浓度在第 56 天基本达到地表Ⅲ类水质标准（见图 3-15）。试验第 7 天，再力花的氨氮综合去除率高达 97.43%，花叶芦竹、鱼腥草和水芹菜的综合去除率均高于 20%；除风车草外，其他植物的氨氮净去除率均在 15% 左右。在试验的第 8~28 天，六类挺水植物的氨氮综合去除率和净去除率均处于下降趋势，水芹菜的综合去除率最低仅为 88.43%。在试验的第 29~35 天，除水芹菜和再力花外，其他四类挺水植物的综合去除率和净去除率均有不同幅度的回升。之后，水生植物的综合去除率和净去除率保持平稳上升，再力花、水芹菜等回升明显。总体而言，六类挺水植物对于氨氮的累积综合去除率均保持在 82.71%~96.89% 之间，而累积净去除率均保持在 1.72%~15.9% 之间。在 T_4 浓度下，再力花、鱼腥草和花叶芦竹对氨氮的整体去除效果较好，水芹菜和风车草相对较差，对氨氮的累积去除率按大小排序为：再力花 > 鱼腥草 > 花叶芦竹 > 香根草 > 水芹菜 > 风车草。

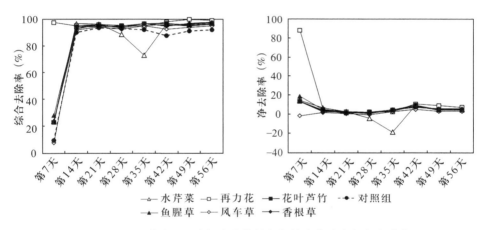

图 3-15 T_4 浓度下六类挺水植物的氨氮综合去除率和净去除率

3.3.2.3 不同处理组对总氮的净化效果

六类挺水植物在 T_1 浓度下对总氮的综合去除率和净去除率随时间的变化趋势如图 3-16 所示。在试验的第 7 天，花叶芦竹、再力花和香根草的综合去除率和净去除率均在 60% 左右，而其他三类挺水植物的综合去除率均低于 20%。在试验的第 8~14 天，鱼腥草、水芹菜和风车草的综合去除率呈上升趋势，其余三种植物呈下降趋势；六类挺水植物的净去除率均有很明显的下降。在试验的第 15~21 天，除六类挺水植物综合去除率和净去除率有一定程度的下降外，空白对照组的去除率也有所下降，水芹菜、鱼腥草下降趋势明显。在试验的后期，除水芹菜外，其他五类挺水植物综合去除率基本趋于稳定。六类挺

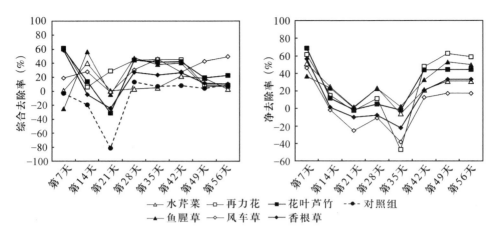

图 3-16 T_1 浓度下六类挺水植物的总氮综合去除率和净去除率

水植物对于总氮的累积综合去除率均保持在 -7.73%~31.16% 之间，而累积净去除率均保持在 19.31%~38.89% 之间。再力花和风车草的去除效果较好，水芹菜、香根草较差，六类挺水植物在 T_1 浓度下的总氮累积去除率按大小排序为：再力花＞风车草＞花叶芦竹＞鱼腥草＞香根草＞水芹菜。

六类挺水植物在 T_2 浓度下对总氮的综合去除率和净去除率变化趋势如图 3-17 所示。在试验的第 7 天，再力花和花叶芦竹的综合去除率分别为 72.5% 和 63.17%；香根草和风车草稍低，为 52.17% 和 48.67%，鱼腥草和水芹菜的综合去除率较低。在试验的第 8~21 天，六类挺水植物的综合去除率整体下降，除再力花和香根草外，其他植物的净去除率持续上升。在试验的第

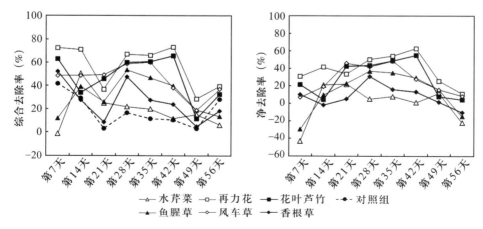

图 3-17 T_2 浓度下六类挺水植物的总氮综合去除率和净去除率

22~28 天，除水芹菜外，其他挺水植物综合去除率和净去除率均呈上升趋势，花叶芦竹和再力花上升趋势最明显。在试验的后期，六类挺水植物的净去除率持续下降，而综合去除率在第 56 天有所回升。六类挺水植物对于总氮的累积综合去除率均保持在 18.02%~46.70% 之间，而累积净去除率均保持在 0.65%~38.86% 之间。再力花的去除效果最好，水芹菜、香根草较差，六类挺水植物在 T₂ 浓度下对总氮的累积去除率按大小排序为：再力花 > 花叶芦竹 > 风车草 > 鱼腥草 > 香根草 > 水芹菜。

六类挺水植物在 T₃ 浓度下对总氮的综合去除率和净去除率变化趋势如图 3-18 所示。当试验进行到第 7 天时，再力花、花叶芦竹的总氮综合去除率均高于 85%，香根草、风车草的综合去除率均高于 25%，而水芹菜、鱼腥草的综合去除率均低于前者。当试验进行到第 7~21 天时，六类挺水植物的总氮综合去除率均有明显的上升趋势，而净去除率逐步下降。从试验的第 22 天开始，六类挺水植物的总氮净去除率有所上升，且再力花和花叶芦竹上升趋势明显。在试验的后期，植物的净去除率略有下降。六类挺水植物对于总氮的累积综合去除率均保持在 74.19%~94.33% 之间，而累积净去除率均保持在 12.05%~32.18% 之间。再力花、花叶芦竹的去除效果最好，鱼腥草和香根草的去除能力基本相当，而水芹菜的去除效果较差。在 T₃ 浓度下六类挺水植物对总氮的累积去除率按大小排序为：再力花 > 花叶芦竹 > 风车草 > 香根草 > 鱼腥草 > 水芹菜。

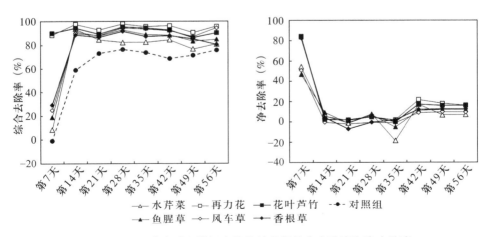

图 3-18 T₃ 浓度时六类挺水植物的总氮综合去除率和净去除率

六类挺水植物在 T_4 浓度下对总氮的综合去除率和净去除率的变化趋势如图 3-19 所示。在试验的第 7 天，再力花的总氮综合去除率高达 95.23%，香根草和花叶芦竹的综合去除率接近 50%；鱼腥草和风车草的综合去除率均高于 15%；而水芹菜的综合去除率仅为 14.02%。在试验的第 8~28 天，六类挺水植物的总氮综合去除率上升，而净去除率均处于下降趋势，水芹菜的净去除率最低仅为 1.1%。在试验的第 29~35 天，除水芹菜外，其他五类挺水植物的总氮综合去除率和净去除率均有所回升。之后，水生植物的综合去除率和净去除率保持平稳上升，再力花、鱼腥草等回升明显。六类挺水植物对总氮的累积综合去除率均保持在 80.16%~96.27% 之间，累积净去除率均保持在 3.15%~19.26% 之间。整体来看，再力花、花叶芦竹的去除效果较好，风车草、水芹菜较差，六类挺水植物在 T_4 浓度下对总氮的累积去除率按大小排序为：再力花 > 花叶芦竹 > 香根草 > 鱼腥草 > 风车草 > 水芹菜。

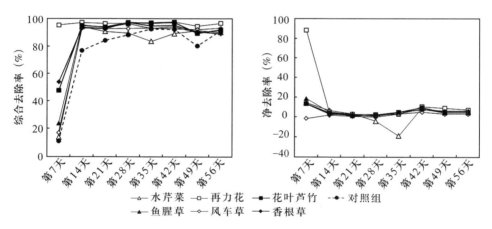

图 3-19 T_4 浓度下六类挺水植物的总氮综合去除率和净去除率

3.3.2.4 不同处理组对总磷的净化效果

人工湿地对污水中总磷的去除主要依赖于湿地基质、水生植物和微生物三者之间的联合作用，通过一系列复杂的化学、物理及生物途径，实现去除磷素的目的。我们通过查阅文献发现，在碱性条件下，磷吸附于含大量钙离子的碱性基质中，可形成几乎不溶的磷酸钙沉淀。由于实验测得 pH 基本大于 7，说明实验中各水体均呈碱性，污水自身的沉降和基质对磷的吸附是去除污水中的磷的一个途径。而植物的作用不可忽视，磷是植物生长所必需的元素，污水中的无机磷可被植物吸收和同化合成，转化成腺嘌呤核苷三磷酸（ATP）、脱氧核糖核酸（DNA）和核糖核酸（RNA）等有机物。

六类挺水植物在 T_1 浓度下对总磷的综合去除率和净去除率的变化趋势如图 3-20 所示。在试验的第 7 天，花叶芦竹和香根草的总磷综合去除率均达到 60% 以上，风车草、再力花的综合去除率为 50% 以上，而水芹菜、鱼腥草的综合去除率仅超过 20%；再力花、风车草、花叶芦竹和香根草的净去除率均高于 45%，而水芹菜、鱼腥草的去除率仅为 20% 左右。在试验的第 8~21 天，六类植物的总磷综合去除率基本达到较高水平；香根草、花叶芦竹、风车草、再力花的总磷净去除率随时间的延长有小幅度的下降，而其他两类挺水植物的净去除率均随时间的延长而上升。在试验的第 22~28 天，水芹菜、鱼腥草、香根草的总磷综合去除率有不同程度的下降，而其他三类挺水植物的综合去除率均处于缓慢上升的趋势；六类挺水植物的净去除率呈下降趋势。在试验的第 36~49 天，六类挺水植物的总磷综合去除率随时间的延长有不同程度的先增高后降低再增高的反弹趋势。在试验的后期，除水芹菜在第 50~56 天综合去除率有所下降外，其他五类挺水植物的总磷综合去除率随时间的延长基本保持平稳。总体而言，六类挺水植物对总磷的累积综合去除率均保持在 78.3%~89.19% 之间，而挺水植物对总磷的累积净去除率均保

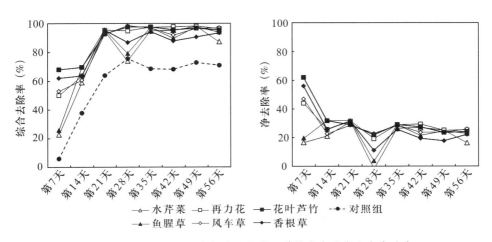

图 3-20 T_1 浓度下六类挺水植物的总磷综合去除率和净去除率

持在 20.25%~28.66% 之间。整体来看，花叶芦竹、再力花的去除效果较好，而鱼腥草、水芹菜较差，六类挺水植物在 T_1 浓度下对总磷的累积去除率按大小排序为：花叶芦竹 > 再力花 > 风车草 > 香根草 > 鱼腥草 > 水芹菜。

六类挺水植物在 T_2 浓度下对总磷的综合去除率和净去除率的变化趋势如图 3-21 所示。在试验的第 7 天，花叶芦竹、香根草和风车草的总磷综合去除率和净去除率均达到 70% 以上，再力花和水芹菜的两种去除率均在 60% 以上，而鱼腥草的综合去除率和净去除率仅为 34.26% 和 32.42%。在试验的第 8~21 天，六类植物的总磷综合去除率基本达到较高水平，水芹菜的综合去除率最高达到 98.06%，其净去除率达到 30.1%。在试验的第 22~28 天，水芹菜和香根草的综合去除率有不同程度的下降，而其他四类挺水植物的综合去除率均处于缓慢上升的趋势。在试验的后期，除水芹菜在第 49~56 天综合去除率有所下降外，其他五类挺水植物的综合去除率随时间的延长基本保持平稳。总体而言，六类挺水植物对总磷的累积综合去除率均保持在 85.61%~91.59% 之间，累积净去除率均保持在 24.07%~30.05% 之间。整体来看，花叶芦竹、风车草的去除效果较好，而水芹菜、鱼腥草较差，六类挺水植物在 T_2 浓度下对总磷的累积去除率按大小排序为：花叶芦竹 > 风车草 > 再力花 > 香根草 > 水芹菜 > 鱼腥草。

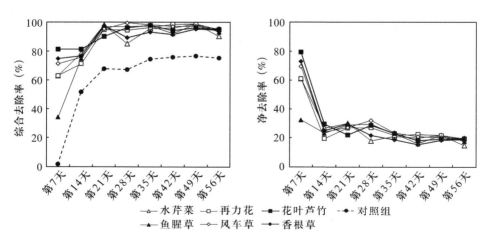

图 3-21 T_2 浓度时六类挺水植物的总磷综合去除率和净去除率

六类挺水植物在 T_3 浓度下对总磷的综合去除率和净去除率的变化趋势如图 3-22 所示。在试验的第 7 天，除水芹菜外，其他五种水生植物的总磷综合去除率均在 60% 以上，再力花和香根草的综合去除率相对较高，达到 68.82%；而水芹菜的综合去除率和净去除率仅为 37.63% 和 32.25%。在试验的第 8~21 天，六类植物的总磷综合去除率基本达到较高水平，鱼腥草的综合去除率最高达到 97.20%，其净去除率达到 41.82%。在试验的第 22~28 天，鱼腥草、水芹菜和香根草的综合去除率有不同程度的下降，而其他三类挺水植物的综合去除率均处于缓慢上升的趋势。在试验的后期，除水芹菜在第 49~56 天综合去除率有所下降外，其他五类挺水植物的综合去除率随时间的延长基本保持平稳。总体而言，六类挺水植物对总磷的累积综合去除率均保持在 79.89%~89.33% 之间，而挺水植物的累积净去除率均保持在 22.42%~32.26% 之间。整体来看，再力花和花叶芦竹的去除效果最好，而水芹菜、鱼腥草相对较差，六类挺水植物在 T_3 浓度下对总磷的累积去除率按大小排序为：再力花 > 花叶芦竹 > 风车草 > 香根草 > 鱼腥草 > 水芹菜。

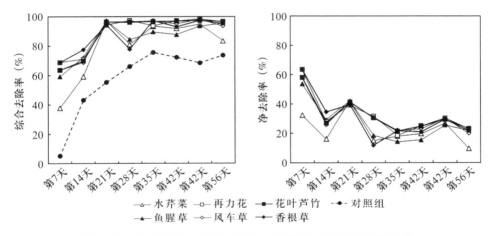

图 3-22 T_3 浓度下六类挺水植物的总磷综合去除率和净去除率

在 T_4 浓度下，六类挺水植物对总磷的综合去除率和净去除率的变化趋势如图 3-23 所示。在试验的第 7 天，除鱼腥草和再力花外，其他四种水生植物的总磷综合去除率均在 70% 以上，香根草和花叶芦竹的综合去除率相对较高；而鱼腥草的综合去除率和净去除率仅为 63.93% 和 61.19%。在试验的第 8~35 天，六类植物的综合去除率基本达到较高水平，鱼腥草的综合去除率最高达到 98.08%；而植物的净去除率一直下滑，最低达到 16.58%。在试验的第

36~56天，除水芹菜的综合去除率在第49~56天有所下降外，其他五类挺水植物的综合去除率随时间的延长基本保持平稳。总体而言，六类挺水植物对总磷的累积综合去除率均保持在90.74%~93.95%之间，而累积净去除率均保持在30.49%~33.71%之间。整体来看，花叶芦竹和风车草的去除效果较好，而水芹菜、鱼腥草相对较差，六类挺水植物在T_4浓度下对总磷的累积去除率按大小排序为：花叶芦竹＞风车草＞再力花＞香根草＞鱼腥草＞水芹菜。

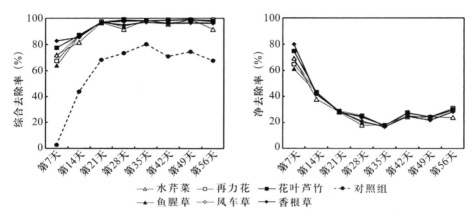

图3-23 T_4浓度时六类挺水植物的总磷综合去除率和净去除率

3.3.3 水生植物对不同污染负荷的调节能力

3.3.3.1 pH

水体中的pH和溶解氧含量是衡量植物对水体自净能力提升幅度的重要指标，各挺水植物组所在污水环境的pH变化如表3-5所示。从中可以发现，在各类水体环境中，六类植物的pH总体呈下降趋势。在第7天时，pH结果均大于7.5，为弱碱性；在实验中期，pH开始减小趋势，呈中性或者碱性；在实验后期，pH开始回升。在Ⅳ类水质环境下，再力花、风车草、香根草的终止pH均小于初始测定值，再力花、水芹菜的整体pH大于其他四类植物。在Ⅴ类水质环境下，鱼腥草、花叶芦竹和空白对照组的pH终止值均大于初始值。在一级A浓度的水质环境中，再力花、花叶芦竹和空白对照组的pH终止值大于初始值，其余植物的pH终止值均小于初始值。在二级污水环境下，除水芹菜外，其余五种植物的pH终止值均大于初始值。

表 3-5 不同污水环境下各组植物对水体 pH 的影响

污染物浓度		水芹菜	鱼腥草	再力花	风车草	花叶芦竹	香根草	空白对照组
IV 类	初始值	8.28	7.61	8.51	8.14	7.51	8.31	7.80
	终止值	8.35	7.99	7.70	8.01	7.62	7.66	8.29
V 类	初始值	8.47	7.58	8.02	8.07	7.41	8.14	7.88
	终止值	8.26	8.05	7.69	8.00	7.61	7.61	8.27
一级 A	初始值	8.16	8.38	7.58	8.43	7.48	7.82	7.54
	终止值	7.64	8.10	7.77	7.72	7.84	7.65	8.00
二级	初始值	8.31	7.39	7.33	7.54	7.57	7.53	7.68
	终止值	7.82	7.95	7.62	7.82	7.64	7.59	8.14

结合水生植物对水体 pH 影响的相关探究，课题组认为 pH 变化可能是由水生植物的光合作用所引起的。水中植物的光合作用使水里的 CO_2 迅速减少，而 CO_2 的减少打破了水中原有的碳酸盐的平衡：$2HCO_3^- = CO_3^{2-} + CO_2 + H_2O$。当水中的 CO_2 浓度较低时，化学平衡式向右移动，此时一部分的 HCO_3^- 转化成了 CO_3^{2-}，随着 HCO_3^- 浓度的下降、CO_3^{2-} 浓度的上升，水中的 pH 逐步升高。白天，气温相对较高，日照强度较强，植物的光合作用也相对较强，CO_2 气体的消耗也比较大；夜晚，随着日照强度的减弱，气湿也在逐渐降低，植物的光反应也渐渐减弱，CO_2 气体的消耗也在减少，水体逐渐恢复原有的碳酸盐平衡。这就是在有大量繁殖的水生植物的情况下水中 pH 不断变化的原因。

3.3.3.2 溶解氧

水中溶解氧的多少是衡量水体自净能力的一个指标。六类挺水植物在不同污水浓度下对污水中溶解氧的调节能力的变化如图 3-24 所示。结果表明，当污水为地表 IV 类时，污水中溶解氧的下降幅度由大及小排序为：再力花 > 鱼腥草 > 香根草 > 空白对照组 > 水芹菜 = 风车草 > 花叶芦竹。当污水为地表 V 类时，污水中溶解氧的下降幅度由大及小排序为：再力花 > 水芹菜 > 风车草 > 香根草 > 鱼腥草 > 花叶芦竹 > 空白对照组。当污水为一级 A 时，污水中溶解氧的下降幅度由大及小排序为：再力花＞花叶芦竹＞鱼腥草＞香根草＞风车草＞水芹菜＞空白对照组。当污水为二级时，污水中溶解氧的下降幅度由大及小排序为：再力花＞水芹菜＞香根草＞鱼腥草＞空白对照组＞风车草＞花叶芦竹。

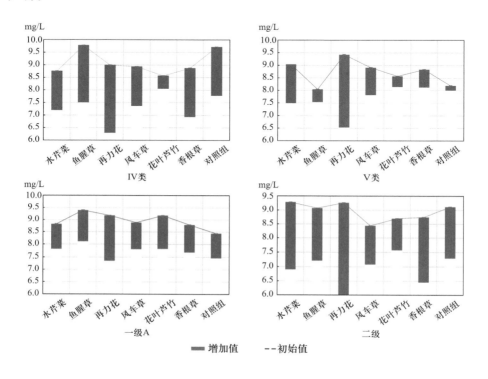

图 3-24　不同污水浓度下六类挺水植物对溶解氧的调节能力

溶解氧浓度不仅与空气里氧的分压、大气压有密切的关系，还受到水温和水质条件的影响。从试验结果可以看到，对照组中水体溶解氧的下降幅度在Ⅳ类和二级污水环境下最大。总体而言，植物组水体溶解氧下降幅度较对照组要大，再力花组是植物组中溶解氧浓度下降幅度最大的。水体中的溶解氧浓度一方面受到污水自净过程中微生物耗氧过程的影响，同时也受到植物向水体传氧过程的影响。植物根系生长状态对溶解氧浓度的变化也有影响，根系生长密度越大，传氧能力越强，微生物的附着条件越好，同时微生物对污染物的分解过程也越强烈，对水体中的溶解氧消耗量也越大。因此，水体中溶解氧浓度的变化反映的是植物系统的整体状态。总体来说，溶解氧下降幅度越大，说明系统中污染物分解过程越充分，对污染物的削减量也越大。

3.4 讨论

3.4.1 不同污染负荷下水生植物的净化效果对比

3.4.1.1 化学需氧量

在不同浓度的污水中，六种水生植物对化学需氧量的去除率变化趋势如表 3-6 所示。可以发现，水芹菜、鱼腥草、再力花、花叶芦竹的综合去除率在污水浓度为 T_2 时最好，T_3 时最差；而净去除率在污水浓度为 T_1 时最好，T_2 时最差。风车草和香根草的综合去除率也在污水浓度为 T_2 时最好，但在 T_4 时最差；而净去除率在污水浓度为 T_1 时最好，分别在 T_4、T_2 时最差。从多种污染负荷下化学需氧量去除率的平均值来看，综合去除率按大小排序为：再力花 > 风车草 > 花叶芦竹 > 水芹菜 > 鱼腥草 > 香根草。净去除率按大小排序为：再力花 > 花叶芦竹 > 风车草 > 水芹菜 > 鱼腥草 > 香根草。

表 3-6 不同污水环境下各组植物对化学需氧量的去除率

污水浓度		水芹菜	鱼腥草	再力花	花叶芦竹	风车草	香根草
综合去除率（%）	T_1	80.38	73.84	82.91	78.62	83.74	74.30
	T_2	88.07	81.76	89.92	84.43	88.46	83.55
	T_3	67.18	61.40	67.48	71.15	69.43	53.39
	T_4	72.53	65.84	72.21	75.14	68.98	50.89
	平均值	**77.04**	**70.71**	**78.13**	**77.34**	**77.65**	**65.53**
净去除率（%）	T_1	22.83	17.06	22.08	25.08	26.80	9.05
	T_2	12.12	5.43	11.80	8.57	14.73	−9.52
	T_3	14.87	8.33	17.40	18.23	13.11	8.79
	T_4	13.45	7.15	15.31	13.84	9.81	8.93
	平均值	**15.82**	**9.49**	**16.64**	**16.43**	**16.11**	**4.31**

3.4.1.2 氨氮

在不同浓度的污水中，六种水生植物对氨氮的去除率变化趋势如表 3-7 所示。可以发现，水芹菜、鱼腥草、再力花、花叶芦竹的综合去除率在污水浓度为 T_4 时最好，为 T_1 时最差；风车草和香根草的综合去除率分别在污水浓度为 T_3 和 T_4 时最好，为 T_1 时最差。水芹菜、鱼腥草、风车草的净去除率在污水浓度为 T_1 时最好，为 T_4 时最差；再力花的净去除率在污水浓度为 T_1 时最好，而花叶芦竹和香根草的净去除率在污水浓度为 T_3 时最佳，再力花、花叶芦竹和风车草、香根草的净去除率分别在污水浓度为 T_2 和 T_4 时最差。从多种污染负荷下去除率的平均值来看，六种水生植物对氨氮的综合去除率按大小排序为：再力花 > 风车草 > 鱼腥草 > 香根草 > 水芹菜 > 花叶芦竹。净去除率按大小排序为：再力花 > 风车草 > 鱼腥草 > 水芹菜 > 香根草 > 花叶芦竹。

表 3-7　不同污水环境下各组植物对氨氮的去除率

污水浓度		水芹菜	鱼腥草	再力花	花叶芦竹	风车草	香根草
综合去除率（%）	T_1	64.90	70.25	68.72	44.87	69.50	55.77
	T_2	74.06	70.74	76.31	59.14	73.30	69.25
	T_3	82.11	83.65	91.38	81.58	90.21	87.19
	T_4	83.43	86.78	96.89	82.71	86.43	95.45
	平均值	**76.12**	**77.85**	**83.33**	**67.08**	**79.86**	**76.92**
净去除率（%）	T_1	22.30	27.65	26.13	2.28	26.90	13.18
	T_2	9.16	5.84	11.41	−5.76	8.40	4.35
	T_3	9.81	11.35	19.08	9.28	17.91	14.89
	T_4	2.44	5.79	15.90	1.72	5.44	4.25
	平均值	**10.93**	**12.66**	**18.13**	**1.88**	**14.66**	**9.17**

3.4.1.3 总氮

在不同浓度的污水中，六种水生植物对总氮的净去除率变化趋势如

表 3-8 所示。可以发现，除风车草和水芹菜外，其余五种植物的综合去除率在污水浓度为 T_4 时最好，为 T_1 时最差；净去除率则与之相反。风车草在污水浓度为 T_3 时综合去除率最佳，而水芹菜则在污水浓度为 T_4 时最佳；两者的净去除率都在污水浓度为 T_1 时最大。从多种污染负荷下去除率的平均值来看，综合去除率按大小排序为：再力花 > 风车草 > 花叶芦竹 > 鱼腥草 > 香根草 > 水芹菜。净去除率按大小排序为：再力花 > 风车草 > 花叶芦竹 > 鱼腥草 > 香根草 > 水芹菜。

表 3-8　不同污水环境下各组植物对总氮的去除率

污水浓度		水芹菜	鱼腥草	再力花	花叶芦竹	风车草	香根草
综合去除率（%）	T_1	11.58	20.87	31.16	30.36	26.82	16.15
	T_2	18.67	31.24	56.88	44.91	46.70	26.33
	T_3	74.19	79.54	94.33	83.03	91.50	79.70
	T_4	80.16	84.45	96.27	83.18	88.51	88.20
	平均值	46.15	54.03	69.66	60.37	63.38	52.60
净去除率（%）	T_1	19.31	28.60	38.89	38.09	34.56	23.89
	T_2	0.65	13.22	38.86	26.89	28.68	8.31
	T_3	12.05	17.40	32.18	20.88	29.36	17.56
	T_4	3.15	7.44	19.26	6.17	11.50	11.19
	平均值	8.79	16.66	32.30	23.01	26.02	15.24

3.4.1.4　总磷

在不同浓度的污水中，六种水生植物对总磷的去除率变化趋势如表 3-9 所示。六种植物的综合去除率和净去除率均在污水浓度为 T_4 时最佳，除再力花外，其他植物的净去除率在污水浓度为 T_1 时最差。从多种污染负荷下去除率的平均值来看，综合去除率和净去除率按大小排序均为：风车草 > 花叶芦竹 > 再力花 > 香根草 > 鱼腥草 > 水芹菜。

表 3-9　不同污水环境下各组植物对总磷的去除率

污水浓度		水芹菜	鱼腥草	再力花	花叶芦竹	风车草	香根草
综合去除率（%）	T_1	78.30	81.16	86.70	85.91	89.19	84.30
	T_2	88.25	85.61	89.03	91.25	91.59	89.14
	T_3	79.89	84.97	89.73	88.72	89.33	87.77
	T_4	90.74	91.27	93.19	93.28	93.95	93.06
	平均值	**84.29**	**85.75**	**89.66**	**89.79**	**91.01**	**88.57**
净去除率（%）	T_1	20.25	23.11	28.66	27.86	31.14	26.25
	T_2	26.71	24.07	27.49	29.71	30.05	27.60
	T_3	22.42	27.50	32.26	31.25	31.85	30.30
	T_4	30.49	31.02	32.95	33.03	33.71	32.81
	平均值	24.97	26.43	30.34	30.46	31.69	29.24

3.4.2　不同污染负荷下水生植物的净化量核算

以六种水生植物在不同污染负荷下的净去除率平均值核算单株植物的污染物去除量（结果见表 3-10）。可以发现在不同污染负荷下，水生植物的污染物去除量存在差异。

表 3-10　六种植物在不同污水环境下的单株植物污染物去除量

指标	浓度	水芹菜	鱼腥草	再力花	风车草	花叶芦竹	香根草
化学需氧量（mg/ 株）	T_1	12.65	9.45	12.23	14.85	13.89	5.01
	T_2	7.84	3.51	7.63	9.53	5.54	−6.16
	T_3	14.11	7.90	16.51	12.45	17.31	8.34
	T_4	21.10	11.21	24.01	15.39	21.71	14.01
	平均	**13.92**	**8.02**	**15.10**	**13.05**	**14.61**	**5.30**
氨氮（mg/ 株）	T_1	0.62	0.77	0.73	0.06	0.75	0.37
	T_2	0.19	0.17	0.20	0.21	0.22	0.20

续表

指标	浓度	水芹菜	鱼腥草	再力花	风车草	花叶芦竹	香根草
氨氮 （mg/株）	T_3	0.97	1.12	1.88	0.91	1.77	1.47
	T_4	0.70	1.65	4.54	0.49	1.55	1.21
	平均	0.66	0.94	1.90	0.31	1.10	0.80
总氮 （mg/株）	T_1	0.56	0.82	1.12	1.10	1.00	0.69
	T_2	0.03	0.53	1.55	1.08	1.15	0.33
	T_3	3.57	5.15	9.52	6.18	8.69	5.20
	T_4	1.57	3.72	9.62	3.08	5.74	5.59
	平均	1.43	2.55	5.45	2.86	4.14	2.95
总磷 （mg/株）	T_1	0.09	0.10	0.13	0.12	0.14	0.12
	T_2	0.36	0.23	0.45	−0.23	0.33	0.17
	T_3	0.14	0.17	0.20	0.19	0.20	0.19
	T_4	0.45	0.45	0.48	0.48	0.49	0.48
	平均	0.22	0.22	0.25	0.25	0.26	0.25

　　总体来说，污水浓度为二级时，每株植物对化学需氧量和总磷的去除量最高；再力花和花叶芦竹对两种污染物的去除量最大，分别为24.01mg/株和0.49mg/株。六种植物均在Ⅴ类水体环境下对化学需氧量的去除量最小，而除风车草外，其他五种植物均在污水浓度为Ⅳ类时对总磷的去除量最低。在污水浓度为二级时，再力花、鱼腥草对氨氮的去除量最高，分别为4.54mg/株和1.65mg/株；而再力花和花叶芦竹对总氮的去除量最高，分别为9.62mg/株和5.74mg/株；其他植物对氨氮和总氮的去除量均为在污水为一级A时最高，在Ⅴ类水环境下最低。

3.4.3 水生植物污染物净化影响因素分析

　　根据以上结果可以发现，六类挺水植物对于污水的净化均起到了很大的作用，其中花叶芦竹和再力花效果最好，而水芹菜和鱼腥草较差。原因可能是由于水培植物对污水的净化作用与其生长状况密切相关，生长越旺盛且根系越发达的植物对污水的净化效果越好。在本试验中，花叶芦竹、再力花的根系较水芹菜和鱼腥草而言更加发达（如图3-25所示）。刘文杰等（2016）也发现植物对污染物的去除效果与植物的生长情况呈正相关关系。在生长过程中，一方面，植物矿化了水体中的碳、氮、磷等物质，有利于植物的吸收和参与光合作用的过程；另一方面，植物的根系与其根系表面所附着的生物膜分泌大量的酶，从而加速水体中大分子污染物的降解过程，使水质得到净化。因而，可以得出本试验中花叶芦竹、再力花对于富营养物质的吸收能力高于水芹菜和鱼腥草。

(a) 花叶芦竹 　　　(b) 再力花 　　　(c) 鱼腥草 　　　(d) 水芹菜

图3-25　植物根系生长状态对比

另外，试验时间为4月至6月，气温较高，且正值大部分供试植物的生长旺盛期，因此试验中六类挺水植物对污水的净化效果均很明显。在试验后期，六类植物中的水芹菜去除率有所下降，主要是试验后期气温上升，而水芹菜不耐热，导致其生长出现枯萎状态而造成的。花叶芦竹、再力花的去除率整体均很高，证明了花叶芦竹、再力花对温度有较强的适应能力。张雪琪等（2012）研究发现温度对于挺水植物净化污水的能力有一定的影响，湿地植物对污水的去除率与温度的变化呈一定的正相关性。这主要是因为污水中的氮、磷等的去除主要是通过植物吸收、微生物积累及湿地床的物理化学等共同作用完成的：一方面，温度较高，植物光合作用加强，植株生长迅速，根系发达，有利于氮、磷等物质的吸收；另一方面，温度升高，微生物活性增强，生长代谢旺盛，促进氮、磷等物质的吸收同化。

pH 和溶解氧是衡量挺水植物的污水净化能力的两项重要辅助指标，综合以上分析可以发现，与空白对照组相比较，六类挺水植物对污水中 pH 和溶解氧的含量均有一定的调节作用，具体研究结果表明：① pH。pH 具体表现为供试污水均由试验前期的弱碱性过渡到了试验后期的中性，证明六类挺水植物对不同浓度污水中的 pH 均有一定程度的调节作用。②溶解氧。比较六类挺水植物对于溶解氧含量的调节作用可以发现，再力花组的溶解氧下降幅度最大，证明水体中溶解氧下降幅度与植物对污水的净化作用成正比，原因主要是植物根系越发达，向水体输送氧气量越多，同时微生物附着量也越大；氧气为好氧微生物提供了良好的生存环境，因而其对污染物的分解量也大幅增加。反映在水体中的指标为污染物去除率高，但水体的溶解氧浓度低。

水生植物在不同浓度的污水中的根系活力、过氧化氢酶活性及生理生长的特性变化，可以直观地反映挺水植物对于污水的适应能力，而挺水植物在不同浓度的污水中的适应能力与其对污水的净化作用息息相关。研究结果表明：①除水芹菜外，其他五类挺水植物在两个月后过氧化氢酶活性均高于试验前期的测试值，而花叶芦竹、再力花的过氧化氢酶活性增长变化较大。过氧化氢酶活性的增加说明挺水植物本身清除了体内较多的 H_2O_2，使得挺水植物对环境的适应能力增强，更有利于水体污染物的去除。而水芹菜的过氧化氢酶活性降低，主要原因可能是试验后期温度上升，水芹菜不耐热，导致生长趋势较差。②六类挺水植物的根系活力两个月后均高于试验前期的测试值，而花叶芦竹、再力花变化明显，表明花叶芦竹、再力花这两类挺水植物对于水分及营养物质的吸收能力较强。③六类挺水植物的株高、茎粗及根系长度均较第一次试验的测试值变化明显。这说明六类挺水植物均对污水有较强的适应能力，且综合看来，花叶芦竹、再力花变化更加显著。这可能是由于这两种挺水植物植株茂密，对不同的生活环境均能很快地适应。通过分析挺水植物过氧化氢酶活性、根系活力及植物生理生长特性变化的试验结果可以发现，花叶芦竹、再力花的变化量均高于鱼腥草、水芹菜，这与总磷、总氮、氨氮、化学需氧量组分试验结果基本一致。再力花、花叶芦竹的过氧化氢酶活性及根系活力的增长，使得植物有很强的抗逆性和适应能力，促进了挺水植物的生长，从而使得挺水植物对污水有较强的净化能力。

3.5　小结

本章针对我国南方地区具有代表性的六类挺水植物（香根草、花叶芦竹、风车草、再力花、鱼腥草和水芹菜），采用无土水培的室外大棚种植试验，通过定期监测不同浓度污水中化学需氧量、氨氮、总氮、总磷等去除率的变化、植物生理指标和环境温度等，对比研究了各类挺水植物对四类不同浓度的污水的净化机制和效果，得到的主要结论包括三个方面。

第一，六种植物对化学需氧量和总磷的去除量在二级水体环境下最高，而在 V 类水体环境中最低；风车草、花叶芦竹和水芹菜对氨氮和总氮的去除量在一级 A 水体环境下最高，在 V 类水体环境下最低；再力花和鱼腥草对氨氮的去除量的变化趋势与化学需氧量和总磷一致。总体趋势为污染物浓度越高，水生植物对污染物的总去除量越大。

第二，水生植物对污水的 pH 和溶解氧有较强的调节作用，在根系微生物的共同作用下，污水中的 pH 和溶解氧均呈下降趋势。污染物去除量越大，水体溶解氧的下降幅度也越大。

第三，污水浓度对六种挺水植物的生长指标影响较小，而对根系活力和根系酶活性的影响相对明显。不同的水生植物对污水浓度的适应范围有所不同，鱼腥草相对适应低浓度污水环境，而再力花和花叶芦竹相对适应高浓度污水环境。

4

北方地区水生植物污水净化
效能试验研究

4.1　研究内容

我国北方地区冬季天气寒冷，光照时长比南方地区短，导致北方地区的水生植物生长周期更短，一些对低温环境敏感的植物难以在北方地区生长。低温不但影响植物的生长状态，对根系微生物的活跃程度也有较大影响。为此，本章选择了在北方地区广泛分布而南方地区分布相对较少的水生植物品种开展净水试验研究。沈阳市位于暖温带与中温带交接区域，该地区的气候特征能够辐射暖温带和中温带的大部分区域。因此，本研究选择在沈阳市开展北方地区常见水生植物的耐污与净化能力测定试验，研究内容同样包括水生植物对污染物的净化能力、传氧能力等，并分析污染负荷对植物生长状态等指标的影响。

4.2　材料与方法

4.2.1　试验材料

4.2.1.1　供试植物

本试验选择了我国北方地区五种常见的水生植物：千屈菜、鸢尾、凤眼莲、睡莲和慈姑（见图 4-1 和表 4-1）。

（a）千屈菜　　　　　　　（b）鸢尾　　　　　　　（c）凤眼莲

（d）睡莲　　　　　　　　　　（e）慈姑

图 4-1　供试植物类型

表 4-1　供试植物种类

植物名称	科属	生长类型	适宜生长温度（℃）
千屈菜	千屈菜科	多年生草本植物，根茎粗壮，多分枝	20 ~ 28
鸢尾	鸢尾科	多年生挺水型水生草本植物，根茎粗壮，中脉明显	16 ~ 20
凤眼莲	雨久花科	多年生漂浮植物，须根发达	15 ~ 35
睡莲	睡莲科	多年生水生草本，根茎肥厚	15 ~ 32
慈姑	泽泻科	多年生挺水植物，植株高大	20 ~ 30

4.2.1.2　供试污水

试验水体共设置四个浓度梯度，按照《城镇污水处理厂污染物排放标准》（GB 18918-2002）和《地表水环境质量标准》（GB 3838-2002）的污染物浓度标准进行配制，四个浓度梯度分别为地表 IV 类、V 类、一级 A 和二级，具体营养物质浓度见表 4-2。供试用水采用醋酸钠、氯化铵、硝酸钾、磷酸二氢钾、磷酸氢二钾和硫酸镁等配制。

表 4-2　供试污水营养物质浓度

供试污水浓度		COD（mg/L）	NH_3-N（mg/L）	TN（mg/L）	TP（mg/L）
轻度	IV 类（T_1）	30	1.5	1.5	0.3
	V 类（T_2）	40	2	2	0.4
中度	一级 A（T_3）	50	5（8）	15	0.5
重度	二级（T_4）	100	25（30）	—	3.0

4.2.2　试验设计

试验于 2018 年 3 月 30 日至 2018 年 5 月 6 日在玻璃温室内进行，试验周期为 35 天，全部采用自然光照。试验所用水桶均为圆柱形，底部直径 28cm，桶高度 25cm，容量为 15L，每个桶均在 10L 位置做好刻度线。试验设计了低度、中度和重度 3 个富营养水平，研究不同富营养水平下水生植物对水体的净化效果及其根系的生理响应。试验所选的植物均购置于辽宁省盘锦市。将购置的幼苗洗净后，再将其置于添加有 10% 强度营养液的干净水体中适应 14 天，每 7 天更换营养液，确保植株正常生长。选取株型长势基本一致、生物量接近的五类植物，栽种前先将植物放入纯水中培养 3 天，然后用纯水冲洗多次并擦拭干净，每个处理组放置 3 株，同时每个水平设定无植物对照组（CK），每个处理组设 3 次重复，利用 0.5cm 的聚乙烯塑料泡沫板和脱脂棉将挺水植物固定于水面上，固定时务必小心，防止损伤植物，最后分别培养于装有不同营养程度污水的桶内。

4.2.3 试验方法

4.2.3.1 水样的采集和分析方法

（1）水样采集。试验开始时测定水体中的各项初始指标，然后每7天采一次水样，其中pH和溶解氧则为每3天进行现场测定。为保证采样条件一致，避免其他因素影响，取样时间定在上午8：00至8：30。为避免水分蒸发，每次采样的同时向桶内补充蒸馏水至刻度线。整个试验过程共取样6次，每次采样后立即蔽光送回实验室。但是鉴于需要分析的指标较多，短时间内无法全部测定，采集的水样需要置于4℃的冰箱保存。试验测定的结果以3次重复的平均值计。

（2）各项指标的测定方法。根据国家规定的水体指标及标准并参考各种资料，本试验选取测定的水体指标有总氮、氨氮、总磷、化学需氧量、pH和溶解氧，检测方法与前文3.2.3节一致。

4.2.3.2 植物生长指标测定方法

（1）水生植物根系的采集方法。植物放入营养水体前，每个植株都进行标记，再测定水生植物根系的初始指标，之后每7天采一次根系样，同时对固定标记的植株测量根系长度。从桶内取出植物时，尽量不要伤及根系、枝叶。取根样时尽量选取新根，截取距根尖2cm长度的一段。

（2）水生植物根系的测定方法。本研究选取的测定水生植物根系的标准有根系长度和过氧化氢酶活性，测量方法与前文一致。根系活力采用 α – 萘胺氧化法测量，将取回的根系用蒸馏水洗净，吸干水分后混合均匀，称取1g根系完全浸入50μg/L的 α – 萘胺溶液和0.1mol/L的磷酸缓冲液（pH=7.0）的等量混合液中静置10分钟，吸取溶液即完成第一次取样。取样后，在原溶液中依次加入1%的对氨基苯磺酸溶液和1mL的亚硝酸钠溶液静置10分钟，待混合液变为红色且不再加深，25分钟后在510nm波长下测定吸光度值。将样品和空白对照组在25℃条件下避光振荡3～6小时，吸取溶液即完成第二次取样，重复上述步骤再次测定，根据两次取样测得的吸光度值，从标准曲线查得 α – 萘胺含量，再根据下式计算 α – 萘胺氧化值：

$$Y = \frac{A.B - C}{m \times t} \chi \qquad (4-1)$$

其中，A 为第一次取样时测得的 α – 萘胺含量，B 为第二次取样时测得的 α – 萘胺含量，C 为 α – 萘胺在空气中氧化后剩余的含量，m 为根系质量，t 为震荡时间，χ 为倍数，经计算得到取值为 48。

4.2.3.3 数据分析方法

采用 Microsoft Excel 2013 和 SPSS 23.0 软件进行数据统计分析，采用 Origin 软件制图表。

4.3 结果与分析

4.3.1 不同污染负荷对水生植物根系的影响

水生植物能够直接从水体中吸收生长所需的氮、磷等营养物质，富集并净化水体中的重金属离子和其他污染物质，而根系在这过程中起着非常重要的作用。已有研究表明，水生植物根系发达，根际间能够形成一个动态的区域环境，且水生植物发生的物理、化学和生物等作用主要在该区域进行（Stottmeister et al，2003）。植物根系的形态、长短等生理特征是影响水生植物吸收、净化营养物质的能力的主要因素之一。不同的环境胁迫能够导致根系的形态性状发生不同改变，而且能够激发植物自身的抗氧化防御能力，包括如活性氧清除酶类和非酶清除剂（尹永强等，2007）。植物体内抗氧化酶类一般分为超氧化物歧化酶（SOD）、过氧化氢酶（CAT）和过氧化物酶（POD）。当水生植物受到环境胁迫时，能够使 SOD、CAT、POD 的活性增强，进而保护植物细胞不受破坏，可以稳定持续地去除并富集污染物（王政等，2019）。本试验运用水培方式，研究五种水生植物的根系在不同程度污染环境中的生理变化，探索两者之间的联系。

4.3.1.1　植物生长状态

植物根系是植物吸收营养物质的重要器官，Dong 等（1995）研究表明在相同的外界环境条件下，两株除根系外大小形状相似的同种植株，根系较长的相比根系较短的或者根毛数量较多的相比根毛数量较少的，前者对营养物质的吸收能力均要强于后者。Gross 等（1993）也研究发现，充足的营养物质会促进植物根系、根毛数量和根长的增加。试验期间，在不同的污染负荷下，五种植物均能正常生长，并且都有新叶长出、叶片增大、株高增大，有白色新根长出，并且根系不断增长，具体生长状况如图 4-2 所示。

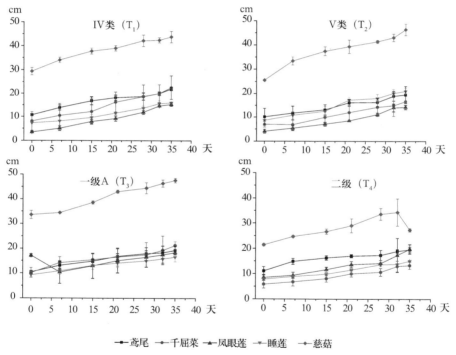

图 4-2　不同污染负荷下不同水生植物的根系长度

采用单因素 ANOVA 分析，在同一污染负荷下，五种水生植物的根系长度存在显著差异（P<0.05）。在轻度污染负荷下（T₁ 和 T₂），五种水生植物根系长度均呈现出前期增长快速，后期增长缓慢的趋势；在中度污染负荷下（T₃），五种水生植物根系长度呈现出与低度污染负荷下一样的趋势；而在重度污染负荷下（T₄），凤眼莲、千屈菜、慈菇、睡莲试验前期根系生长缓慢，

后期增长迅速；鸢尾的根系生长趋势则与低、中度污染负荷下类似。这主要是因为在低度和中度富营养水平下，试验前期水体营养物质充足、营养负荷适宜，水生植物吸收的营养多，所以根系增长得快；而在试验后期，水体营养物质逐渐匮乏，使其吸收养分不足，因此根系增长缓慢。在重度污染负荷下，水生植物根系前期增长缓慢，是因为在此营养水平下，水生植物虽然能够不断地吸收水体中的营养物质，但浓度仍相对较大、营养负荷仍处于较高的状态，抑制植物根系的增长，而在后期营养负荷不断下降，水生植物恢复生长能力，根系长度增长较快。经显著性相关分析，根系长度与总磷浓度、氨氮浓度、富营养水平显著性不相关，与植物种类显著相关，与化学需氧量浓度显著负相关，与总氮浓度显著正相关。

表4-3表明，试验期间，不同处理组中的五种植物根系都有明显增长。在轻度污染负荷下，鸢尾、千屈菜、凤眼莲、睡莲、慈菇根系增长率分别为99.03%、159.39%、294.87%、130.97%、65.34%；在中度富营养条件下，鸢尾、千屈菜、凤眼莲、睡莲、慈菇的根系增长率分别为85.30%、109.51%、158.41%、79.14%、41.60%；在重度污染负荷下，鸢尾、千屈菜、凤眼莲、睡莲、慈菇的根长增长率分别为76.81%、146.29%、181.10%、94.02%、74.03%。其中，在不同处理组中，凤眼莲和千屈菜的根系增长率最高，说明凤眼莲和千屈菜的生长能力较强。在不同程度污染负荷下，针对植物根系增长率和营养物质去除率进行相关性分析可发现，除个别相关性不显著外（慈菇均为不显著），根系增长率与营养物质去除率之间存在显著相关性（$P<0.05$）。这说明在一定条件下，根系增长率能够表征水生植物去除营养物质的能力。

表4-3 不同污染负荷下五种水生植物根系的增长率

植物	增长率（%）			
	IV类	V类	一级 A	二级
鸢尾	105.30	92.76	85.30	76.81
千屈菜	178.60	140.19	109.51	146.29
凤眼莲	338.10	251.64	158.41	181.10
睡莲	119.63	142.31	79.14	94.02
慈菇	48.98	81.70	41.60	74.03

4.3.1.2 根系活力

植物根系是植物吸收营养元素的主要器官，其活力水平能够直接反映植物根系的吸收能力，与植物生长正相关，其根系活力越强，吸收水体中养分的能力越强。因此水体中的氮、磷等营养元素可以由植物吸收而去除，因此在一定条件上，根系活力可以表征出植株吸收净化营养元素的能力。

在不同营养程度的水体下，五种水生植物的根系活力如图4-3所示。在同一富营养程度的水体中，不同水生植物的根系活力表现不同，具有显著差异（P<0.05）。五种水生植物中，凤眼莲的根系活力最大，其次是睡莲，再次是慈菇，千屈菜和鸢尾最小。在将水生植物放入四种不同污染程度的水体7天后，凤眼莲的根系活力仍为最大，分别为：轻度污染负荷下347.69μg/gFW·hr、中度污染负荷下415.64μg/gFW·hr、重度污染负荷下235.65μg/gFW·hr。这

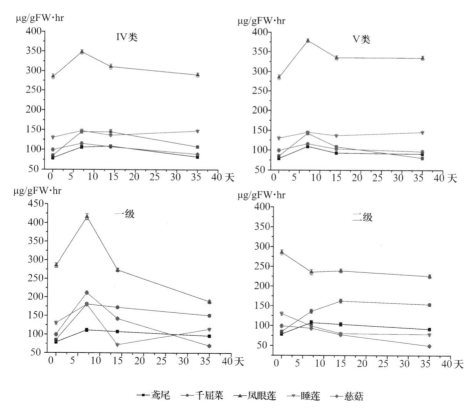

图4-3 不同污染负荷下五种水生植物的根系活力

表明凤眼莲的根系净化能力最强。由图 4-3 可以看出，在轻度污染负荷下，不同水生植物根系活力表现为先升高再降低的趋势；在中度污染负荷下，五种水生植物的根系活力状况大致相同，主要表现为先升高后降低的趋势；在重度污染负荷下，凤眼莲、睡莲、慈菇、鸢尾表现为下降趋势，千屈菜根系活力则不同程度地升高。

在轻度和中度污染负荷下，不同水生植物的根系活力在放入营养盐水体后，受到营养负荷，根系活力先增强，之后随着营养物质浓度的降低而降低。在重度污染负荷下，营养物质浓度过高，抑制凤眼莲、睡莲、慈菇、鸢尾的根系活力（张金浩等，2014），而千屈菜的耐受性强，根系活力逐渐增大。中度富营养条件下，凤眼莲、慈菇、千屈菜、睡莲、鸢尾在根系活力分别达到最大值 415.64 μg/g FW·hr、211.56 μg/g FW·hr、180.49 μg/g FW·hr、179.87 μg/g FW·hr、111.31 μg/g FW·hr，而在营养盐浓度最高的重度污染负荷下，各水生植物根系活力均达到最小值，说明水生植物的根系活力与适宜的营养条件有关：适宜的营养能够提高水生植物的根系活力，进而提高水生植物的净化能力；而营养盐浓度过高时，环境胁迫可能会抑制植物根系活力。因此，为了达到较好的净化效果，在人工湿地的实际运用中应该结合水体的富营养程度来选择植物。

4.3.1.3 过氧化氢酶活性

过氧化氢酶是一类广泛存在于动植物和微生物体内的末端氧化酶，其作用是催化细胞内多余的过氧化氢，转化为水和氧分子，使过氧化氢不能被还原为各种有害的自由基，进而防止体内发生细胞病变（Cabiscol et al，2000）。过氧化氢酶活性的变化在一定程度上能够反映出机体在胁迫环境下的免疫力（陈昌生等，2001），因此可以通过测定过氧化氢酶活性差值来反映植物对营养负荷的抵抗能力。

在不同营养程度下，五种水生植物根系的过氧化氢酶活性变化如图 4-4 所示，在中度和重度污染负荷下，五种水生植物根系过氧化氢酶活性均比起始值升高。在轻度污染负荷下，千屈菜、慈菇的根系过氧化酶活性均相比起始值升高，而睡莲、鸢尾和凤眼莲相对降低。在同一植物条件下，随着富营养程度的升高，植物的酶活性升高，说明在一定条件下，随着营养物质浓度升高、营养胁迫增加，根系能够通过提高过氧化氢酶活性来抵抗胁迫，以清除过多的有害物质。在轻度污染负荷下，睡莲、鸢尾和凤眼莲的根系过氧化氢酶活性较初始值有所降低，说明随着水体中营养物质被吸收、浓度降低，水生植物未受到营养胁迫。慈菇和千屈菜的根系过氧化氢酶活性升高，其中慈菇活性升高与该处理组水体中营养物质浓度在实验后期升高有关，说明浓度升高造成营养胁迫，酶活性升高；而千屈菜活性升高可能是因为采集根系时，采集到老根，而根衰老时过氧化氢酶活性会升高（刘云芬等，2019）。试验期间，过氧化氢酶活性差值变化最大的水生植物是慈菇，其次是千屈菜和凤眼莲，睡莲和鸢尾最低。说明慈菇的适应能力最强；而凤眼莲酶活性一直最高，说明凤眼莲抗营养负荷能力最强。

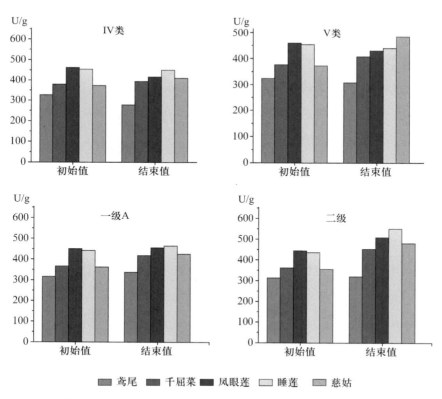

图 4-4　不同污染负荷下五种水生植物根系的过氧化氢酶活性

综上所述，在四种不同程度的污染负荷下，随着试验的继续，五种水生植物的根系不断增长。在不同富营养水平下，根系增长率均以千屈菜和凤眼莲最高，在轻度、中度、重度污染负荷下，其增长率分别为 162.14%、109.51%、146.29% 和 162.14%、158.41%、181.10%。在不同程度的污染负荷下，对植物根系增长率和营养物质去除率进行相关性分析可发现，除个别相关性不显著外（慈菇均为不显著），根系增长率与营养物质去除率之间显著相关（$P<0.05$）。这说明在一定条件下，植物根系增长率能够表征水生植物去除营养物质的能力。在同一污染负荷下，慈菇的根系最长，且与其他水生植物存在显著差异（$P<0.05$）。在不同程度污染负荷下，根系活力均以凤眼莲最高，在放入水体第 7 天时，在轻度富营养化水平下为 347.69 μg/gFW·hr、中度富营养化水平下 415.64 μg/gFW·hr、重度富营养化水平下 235.65 μg/gFW·hr（见图 4-3）。慈菇其次，千屈菜次之，鸢尾和睡莲最小。就根系活力这个指标而言，说明根系净化能力按大小排序为：凤眼莲 > 慈菇 > 千屈菜 > 鸢尾 > 睡莲。

在轻度和中度污染环境下，根系活力均呈现出先增加后减小的趋势；而在重度污染负荷下，除千屈菜外，其余水生植物根系活力则表现为全程抑制，呈现始终下降的趋势，说明适宜的污染负荷能够促进植物根系活力升高，进而影响植物根系对氮、磷等营养物质的吸收能力。在不同程度的污染负荷下，同一水生植物的过氧化氢酶活性随着营养物质浓度的升高而升高。在同一程度的污染负荷下，凤眼莲的过氧化氢酶活性最高，睡莲其次，千屈菜次之，慈菇和鸢尾最低。这说明凤眼莲对水体的营养负荷能力强。而就过氧化氢酶活性差值而言，千屈菜的变化差值最大，说明千屈菜和凤眼莲对不同浓度的水体适应能力较强。

4.3.2　不同污染负荷下水生植物的净化效能

氮、磷等营养物质浓度过高是导致水体富营养化的主要原因；其中氮、磷是水生植物吸收并利用的必需营养物质；并且水生植物还能够富集重金属等污染物，最终达到净化水体的效果。张志勇等（2009）研究发现，在不同的污染环境中，凤眼莲的净化能力不同。田立民等（2010）通过模拟试验发现，香蒲在污染环境中具有极强的净化能力。虽然目前针对水生植物修复污染环境已有较多的研究，但多局限于同种水生植物净化不同程度污染环境的研究，或者不同种水生植物对同一程度污染环境的净化效果的研究，而对不同污染负荷下的水生植物交叉分析及根系与污染环境之间响应的研究相对较少。本研究以三种不同程度的污染环境为研究对象，采用水培静态试验，比较千屈菜、鸢尾、水葫芦、慈菇和睡莲五种水生植物对不同污染环境的净化效果，以期为修复水生植物技术提供行之有效的基础，为遴选水生植物提供理论依据。

4.3.2.1 不同处理组对总氮的净化效果

从图 4-5 和表 4-4 可以看出，在不同程度污染负荷下，试验所选取的五种水生植均能够吸收水体中的氮元素，且与空白对照组间存在显著差异（P<0.05）。随着试验的进行，三种污染环境中各植物处理组的总氮下降均呈

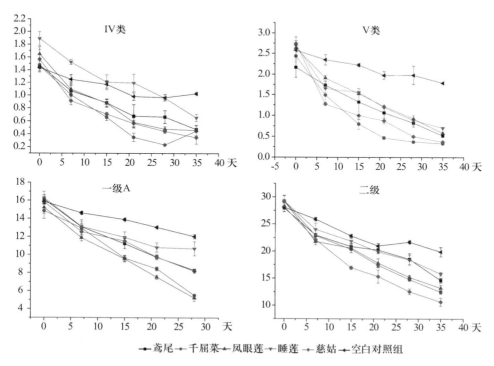

图 4-5 不同污染负荷对水生植物总氮去除效果的影响

现类似的趋势，试验前期下降速度快于试验后期；其中净化效果最好的水生植物为千屈菜和慈菇。试验前期，由于水生植物刚放入水体，需要吸收足够的养分，且根系能够富集营养物质，因此该阶段总氮下降速度较快；试验后期，由于水生植物生长变缓，吸收量变少，导致总氮下降缓慢。

表 4-4　不同程度污染负荷下各处理组总氮的去除率

处理组	总氮去除率（%）		
	轻度	中度	重度
鸢尾	71.95Aa	64.72Ba	56.96Aa
千屈菜	77.93Ab	78.34Bb	69.53Ab
凤眼莲	75.04Ab	77.40Bb	67.61Ab
睡莲	69.78Aa	58.85Ac	46.12Bc
慈菇	82.19Ab	70.56Ad	62.52Bd
对照组	29.59Ac	18.48Be	10.70Ce

注：不同大写字母表示相同处理组下不同污染环境中氨氮去除率在 5% 水平下差异显著；不同小写字母表示同一富营养程度下不同处理组中氨氮去除率在 5% 水平下差异显著。

在三种不同程度的污染环境下，千屈菜的净化率最高，轻度时为 77.93%、中度时为 78.34%、重度时为 69.53%；慈菇次之，凤眼莲第三，鸢尾第四，睡莲最低。同一种水生植物在不同程度污染负荷下，随着富营养化水平的升高，去除率先升高后降低，且在重度污染负荷下，各植物处理组的去除率均为最低。这说明过高的营养负荷，会抑制植物对总氮的净化效果，与汪文强等的研究结果一致（汪文强，2016）。因此，修复不同程度的污染环境时，要根据水体的具体情况遴选水生植物。

4.3.2.2　不同处理组对氨氮的净化效果

植物生长所需要的氮元素以无机氮为主，而水体中的无机氮又主要以铵盐和硝酸盐的状态存在。水生植物可以直接吸收并利用水体中的铵盐，因此植物可以除去水体中铵盐。图 4-6 和表 4-5 显示，栽植水生植物后随时间的延长，各植物处理组水体中的氨氮均有不同程度的减少，且呈现出类似的下降趋势，试验前期下降速率始终快于试验后期。与空白对照组相比较，植物处理组的净化效果均好于空白对照组，表现为显著差异（P<0.05）。水生植物的净化能力不尽相同，其中以凤眼莲和慈菇的净化能力最强。在不同程度富营养化水平下，凤眼莲的去除率分别为：轻度水平下为83.00%、中度水平下为91.10%、重度水平下为72.76%。慈菇的去除率分别为：轻度水平下为84.65%、中度水平下为94.92%、重度水平下为70.33%。其他几种植物的去除率由大到小为：千屈菜 > 鸢尾 > 睡莲。同时，空白对照组的下降趋势与植物组类似，随着污染负荷由轻到重，氨氮的去除率也分别达到28.44%、25.23%、15.99%，这表明水体中的氨氮不但可以通过水生植物吸收净化，还可以通过水体自净能力而去除，且占有部分比例，这与汪文强等（2016）、金树权等（2010）的研究结果一致。

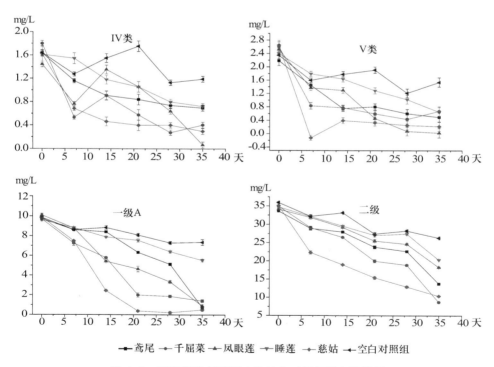

图4-6 不同污染负荷下水生植物对氨氮的去除效果

由表4-5能够知道，随着水体富营养化程度递增，各植物处理组的氨氮去除率均表现出先增加后减小的趋势，但均显著高于对照组（P<0.05）。

鸢尾、千屈菜、凤眼莲、睡莲、慈菇由轻度富营养化到中度富营养化环境中，各植物处理组的净化率均有所升高，而由中度富营养化到重度富营养化环境中，各植物处理组的净化率均有所下降。其中，鸢尾的下降幅度为33.40%、千屈菜的下降幅度为10.37%、凤眼莲的下降幅度为18.34%、睡莲的下降幅度为19.03%、慈菇的下降幅度为24.59%，下降幅度最大的为鸢尾。由此可以看出，在重度富营养化的条件下，营养物质对水生植物的吸收净化氨氮具有抑制作用，且对鸢尾吸收净化氨氮的抑制作用最强。因此，在治理富营养化水平过高的水体时，应根据实际污染情况综合考虑，优先选择千屈菜、凤眼莲等耐高营养负荷且净化能力强的植物，这样能够较好地达到净化效果。

表 4-5　不同程度污染负荷下各处理组对氨氮的去除率

处理组	氨氮去除率（%）		
	轻度	中度	重度
鸢尾	71.58Aa	92.37Ba	58.97Aa
千屈菜	78.04Ab	85.48Bb	75.11Ab
凤眼莲	83.00Ac	91.10Aa	72.76Bb
睡莲	53.01Aa	60.49Bc	41.46Cc
慈菇	84.65Ab	94.92Ba	70.33Cb
对照组	28.44Ad	25.23Ad	15.99Bd

注：不同大写字母表示相同处理组下不同污染环境氨氮去除率在5%水平差异显著；不同小写字母表示同一富营养程度下不同处理组下氨氮去除率在5%水平差异显著。

4.3.2.3　不同处理组对总磷的净化效果

磷是植物生长发育和光合作用中必不可少的营养元素，是植物体内大多数核酸、磷脂、ATP和酶等化合物的主要组成成分，常常成为植物生长的限制因子，同时植物体内的各种代谢过程中都需要有磷的参与（曹卫星，2001）。但是水体中的氮、磷营养物质浓度过高，则有可能引起水体富营养化，因此磷是衡量水体富营养化的重要指标之一。

由图4-7可知，在整个试验期间，随着时间的延长，各植物处理组中的总磷浓度均呈现前期下降迅速，中后期下降缓慢的趋势。各水生植物处理组均对总磷有较好的去除效果，且均好于空白对照组。以在中度污染负荷下为例，试验前期，除空白对照组外，各植物处理组总磷浓度下降较快，且下降程度高于试验后期，这是因为试验前期温度、光照等环境因素适宜，水体中有足够的营养物质，因此该阶段水体中磷的浓度下降速度快。但在后期，营养物质浓度下降，植物生长减慢，最终影响净化速率。在第28~35天下降速率变大，这是因为在此期间沈阳气温明显升高且光照增强。目前已有研究表明，总磷的去除率在一定光照范围内，净化速率和光照、温度呈正相关关系（徐智广，2011）。以净化能力最强的凤眼莲为例，试验开始时水体中总磷浓度为0.46mg/L，到第14天下降为0.27mg/L，第28天时下降为0.20mg/L，到第35天时下降为0.10mg/L。其余四种植物处理组均有类似的下降趋势。

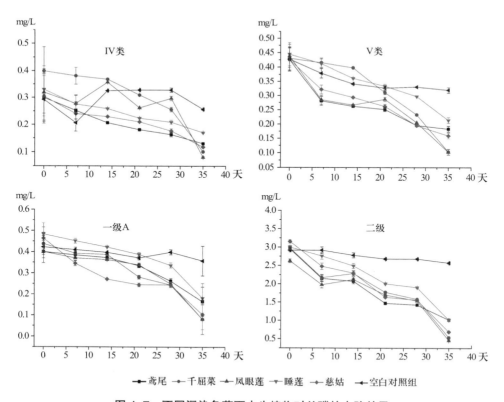

图4-7　不同污染负荷下水生植物对总磷的去除效果

表 4–6 显示，三种不同程度的污染负荷下，五种水生植物对总磷均起到净化效果，且去除率均显著高于对照组（P<0.05）。就相同污染负荷下，凤眼莲和千屈菜间差异不显著，其余处理组间均差异显著（P<0.05），净化率由大到小排序为凤眼莲、千屈菜、慈菇、鸢尾、睡莲，其中净化能力最强的凤眼莲净化率为 75.58% ~ 84.60%，其次为千屈菜（75.31% ~ 82.03%），慈菇第三（61.85% ~ 78.10%），鸢尾的净化率为 56.67% ~ 65.48%，最弱的睡莲净化率为 50.01% ~ 66.03%。同时由表 4–6 可以看出，不同程度的污染负荷下，同一植物处理组的总磷去除率不同，除空白对照组外，各植物处理组的去除率均呈现出随水体富营养化水平升高而逐渐升高的趋势，这与李欢等的研究结论类似（李欢，2016；Rosgers、Breen，1991）。

表 4–6　不同程度污染负荷下各处理组对总磷的去除率

处理组	总磷去除率（%）		
	轻度	中度	重度
鸢尾	56.67Aa	58.67Aa	65.48Ba
千屈菜	75.31Ab	81.51Bb	82.03Bb
凤眼莲	75.58Ab	81.84Bb	84.60Bb
睡莲	50.01Ac	62.36Ba	66.03Ba
慈菇	61.85Aa	77.71Bb	78.10Bb
对照组	18.63Ad	15.23Ac	11.76Ac

注：不同大写字母表示相同处理组下不同污染环境总磷去除率在 5% 水平差异显著；不同小写字母表示同一富营养程度下不同处理组下总磷去除率在 5% 水平差异显著。

4.3.2.4　不同处理组对化学需氧量的净化效果

化学需氧量是表示水质污染程度的重要指标，能够客观反映水体实际污染情况，而其值能够说明水体污染的程度，其值越大则污染越严重。图 4–8 表明，不同程度的污染负荷下，各植物处理组的化学需氧量浓度均有所下降，且与空白对照组有显著差异（P<0.05）；各处理组间的下降趋势类似，呈现为试验前期化学需氧量浓度下降速率快于试验后期。其中，在不同程度污染负荷下，千屈菜对化学需氧量的净化效果最好，水体中的化学需氧量浓度由 43.14 ~ 113.09mg/L 下降至 12.92 ~ 18.11mg/L，其去除率为

61.49% ～ 83.99%。其余四种水生植物，在轻度污染负荷下，净化能力较强的鸢尾的净化率为68.64%，且与除千屈菜以外的植物处理组间存在显著差异（P<0.05）；在中度污染负荷下，净化能力较强的水生植物为凤眼莲和慈菇，净化率分别为65.12%和62.17%，千屈菜次之，睡莲最低；在重度污染负荷下，千屈菜、鸢尾和凤眼莲的净化能力较强，净化率分别为83.99%、74.12%、73.57%，且三个处理组间不存在显著差异（P>0.05），而睡莲的净化率最小为62.89%。

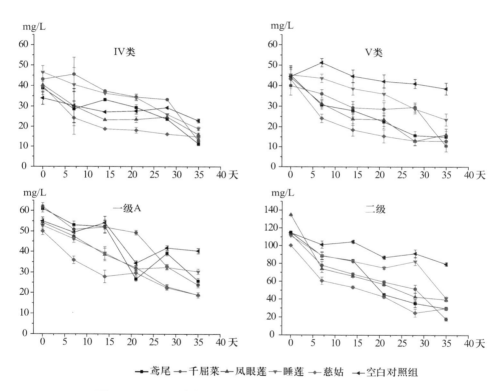

图 4-8　不同污染负荷下水生植物对化学需氧量的去除效果

在轻度污染负荷下，鸢尾和千屈菜之间差异不显著（P>0.05），但与其余各植物处理组之间差异显著（P<0.05）。在中度污染负荷下，鸢尾、千屈菜和慈菇之间差异不显著，其他各处理组间差异显著（P<0.05），具体见表4-7；重度污染负荷下，鸢尾、慈菇和凤眼莲之间无显著差异，只有空白对照组、

千屈菜和睡莲之间存在显著差异（P<0.05）。就轻度污染负荷和中度污染负荷下相同植物处理组而言：除千屈菜在轻度和中度污染负荷下差异显著外，其余水生植物处理组在轻度与中度污染负荷下均表现出差异不显著（P>0.05），但均与重度污染负荷下表现为差异显著（P<0.05），且净化率在重度污染负荷下均达到最大值，说明适宜的浓度能够促进水生植物吸收净化化学需氧量（徐景涛，2012）。同时，在不同程度污染负荷下，无植物处理的对照组均有较高的去除率，说明化学需氧量在自然环境中能够通过水体自净而部分去除（邱敏，2017）。

表 4-7　不同程度的污染负荷下各处理组对化学需氧量的去除率

处理组	总磷去除率（%）		
	轻度	中度	重度
鸢尾	68.64Aa	57.61Aa	74.12Ba
千屈菜	71.81Aa	61.49Ba	83.99Cb
凤眼莲	61.77Ab	65.12Aa	70.55Ba
睡莲	53.54Ab	42.54Ab	62.89Bc
慈菇	66.26Aa	62.17Aa	70.22Ba
对照组	22.91Ac	26.58Ac	30.62Ad

注：不同大写字母表示相同处理组下不同污染环境下化学需氧量去除率在 5% 水平下差异显著；不同小写字母表示同一富营养程度下不同处理组下化学需氧量去除率在 5% 水平下差异显著。

4.3.3　不同污染负荷下水生植物的调节能力

水生植物修复营养化水体时，净化能力除受到不同植物种类的影响外，还会受到水体溶解氧、pH 等的影响。水体中溶解氧是水体的重要指标，其值的高低能够影响水下生物和微生物的生存状况及吸收净化能力。而且水生植物吸收净化的过程需要涉及多种物理、化学及生物反应，pH 能够影响水生植物的吸收净化能力，还能够影响营养物质在水体中的形态，因此，研究水生植物对水体 pH 和溶解氧的影响必不可少。

4.3.3.1　不同处理组对水体 pH 的影响

pH 能够影响微生物及硝化菌的活性，硝化反应适宜的 pH 在 7.0~9.0 之间，当 pH 低于 6 时，硝化细菌硝化反应的能力受到制约；而当 pH 高于 10

时，过高浓度的碱性物质会对微生物及硝化菌产生毒害作用，影响硝化能力。

在不同程度的污染负荷下，各处理组的pH基本保持在6~8之间，pH最高的处理组为空白对照组，且与除凤眼莲外的水生植物间存在显著差异（P<0.05），如图4-9所示。整个试验过程中各处理组pH有升有降，趋势不明显，基本维持在中性环境，且净化过程中水体保持pH中性，有利于去除氮、磷等营养物质。在轻度和中度污染负荷下，各处理组pH变化幅度较大，且除凤眼莲外各植物处理组的pH均为弱酸性；在重度污染负荷下，各处理组pH整体浮动较少，除凤眼莲外各植物处理组均为弱酸性。不同污染负荷下，凤眼莲均呈弱碱性，且弱碱性的水体有利于植物固氮、微生物硝化及反硝化作用。

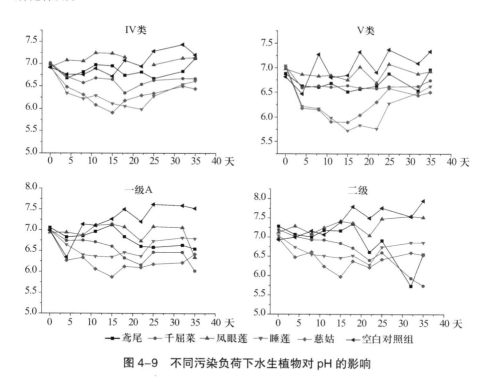

图4-9　不同污染负荷下水生植物对pH的影响

4.3.3.2　不同处理组对水体溶解氧的影响

根据图4-10可以看出，在不同污染负荷下，各处理组在栽植植物后，溶解氧先下降再持续升高，且达到峰值后逐渐下降，最后又升高。在低度和中度污染负荷下，试验前期各植物处理组之间溶解氧含量变化的差异较小，而后期各处理组间溶解氧含量差异显著（P<0.05），且空白对照组溶解氧含量最高。在重度污染负荷下，各植物处理组的溶解氧含量呈现与轻度、中度类似的上升下降趋势，但峰值出现较轻度、中度晚。且就同一植物而言，随着富营养水平的升高，水体中的溶解氧含量呈升高再下降的趋势，且在重度条件下，各植物处理组的溶解氧含量均达到最低值。这是因为在重度污染负荷下，水体中有机污染物含量高且部分出现藻类，前期需要吸收大量水体中的氧，而试验后期，有机污染物浓度下降，微生物活力减小，溶解氧消耗减少。五组水生植物中，试验结束时溶解氧含量由高到低排序为：慈菇 > 凤眼莲 > 鸢尾 > 千屈菜 > 睡莲。这说明，慈菇和凤眼莲能够有效提高水体的溶解氧水平。

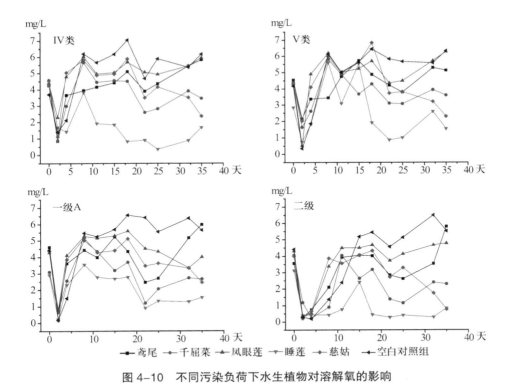

图 4-10　不同污染负荷下水生植物对溶解氧的影响

4.4 讨论

4.4.1 水生植物污染物净化效能对比分析

五种水生植物对水体中的总氮、氨氮、总磷、化学需氧量都具有一定的吸收能力。随着试验的进行，各处理组水体中的总氮、氨氮、总磷、化学需氧量都显著下降，与空白对照组间存在显著差异（$P<0.05$），且一般会经历快速下降和缓慢下降两个过程。这是因为在不同的富营养水平下，试验前期，水体中营养物质充足，环境适宜，植物能够快速吸收养分；而试验后期，营养物质逐渐匮乏，且植物生长变缓，对氮和磷的需求量减少，因此后期下降速率变缓。而试验最后 7 天，部分处理组净化速率变快，是因为温度回升、光照时间加长，提高了水生植物、微生物净化能力（包杰，2008）。综上所述，试验选取的五种水生植物均对水体中的总氮、氨氮、总磷、化学需氧量具有较强的吸收净化能力。

（1）本研究中，各植物处理组中水体中总氮浓度均有所下降，且与空白对照组差异显著（$P<0.05$）。在不同程度的污染环境中，五种水生植物的净化能力由强到弱为：千屈菜最强，凤眼莲其次，慈菇次之，鸢尾较弱，睡莲最弱。随着水体富营养化程度的加深，同一植物在不同处理组的净化率呈现先增加后减小的趋势，且在重度污染负荷下达到最低。说明适宜的营养负荷能够提高水生植物的净化能力，而过高的营养负荷却能抑制植物吸收。因此在修复污染环境时，要根据水体的实际情况遴选合适的植物。

（2）在不同污染负荷下，各植物处理组对水体中的氨氮均有较高的净化效果，且与空白对照组之间差异显著（$P<0.05$）。三种不同程度的污染环境中，千屈菜和凤眼莲的净化能力最强，其余三种水生的净化能力由强到弱为：慈菇、鸢尾、睡莲。随着水体中营养物质浓度的增大，各处理组的氨氮净化率均呈现出先升高再下降的趋势，说明在环境因素一定的条件下，适宜浓度的氨氮够促进水生植物的吸收净化能力，而过高的浓度则会

抑制植物对氨氮的吸收，从而降低去除效果。因此，在修复较重的污染环境时，应根据水体的实际情况来选择适宜的水生植物，以求达到最理想的净化效果。

（3）根据上述分析，各植物处理组对水体中的总磷均有较好的净化效果。在同一污染负荷下，除千屈菜和凤眼莲之间差异不显著外，其余各植物处理组间差异显著（P<0.05），且均与空白对照组差异显著（P<0.05）。各植物处理组中，去除率最高的植物是千屈菜和凤眼莲，慈菇其次，鸢尾次之，睡莲最低；在不同程度的污染负荷下，同一植物处理组的总磷去除率呈现出随着水体富营养化程度的增大而升高的趋势。三种不同程度的污染负荷下，各植物处理组化学需氧量的浓度均呈现试验前期下降速率快于试验后期的趋势，且与空白对照组之间差异显著。五种水生植物中，千屈菜的化学需氧量去除能力最强。

综上所述，结合五种水生植物对污染环境的养分去除情况可以得知，本试验中净化能力最强的水生植物为千屈菜，在轻度污染负荷下，其对总氮、氨氮、总磷、化学需氧量的去除率分别为77.93%、71.58%、75.31%、71.81%；在中度污染负荷下，其对总氮、氨氮、总磷、化学需氧量的去除率分别为78.34%、85.48%、81.51%、63.70%；在重度污染负荷下，其对总氮、氨氮、总磷、化学需氧量的去除率分别为69.53%、75.11%、82.03%、83.99%。

4.4.2　水生植物生长指标影响分析

凤眼莲、千屈菜和慈菇的根系各项指标均优于其他水生植物，就根系净化能力而言，凤眼莲的能力最强，千屈菜其次，慈菇次之，鸢尾较弱，睡莲最弱。而就抗营养负荷和适应不同水体的养分而言，能力最强的水生植物是凤眼莲，其次是千屈菜，慈菇第三。这说明在选择治理不同富营养水平的水体时，应当根据实际情况选择适宜植物。慈菇的净化吸收能力较强，这与Joseph等的研究结论一致，植株的根系越发达，其对营养物质的吸收净化能力越强（Joseph，2003）。

4.5　小结

本章选取了五种水生植物作为供试植物（鸢尾、千屈菜、凤眼莲、睡莲、慈菇），首先通过水培试验，研究在不同程度的污染环境下，五种水生植物的净化吸收能力，分析植物对水体营养物质的净化率，接着进一步探究不同水生植物根系与不同富营养化水平之间的生理联系。以期为利用水生植物修复污染环境提供可靠的植物选择建议。本章得出以下结论。

（1）五种水生植物相比较，千屈菜和凤眼莲对污染环境中的氮、磷和化学需氧量净化率最高、效果最好。在一定浓度范围内，适宜浓度的氮元素有利于水生植物吸收净化，而过高浓度的氮元素则会抑制水生植物的净化作用，影响水生植物的净化效果；其中，千屈菜在高浓度营养物质条件下仍保持着较高的吸收净化能力，具有耐高营养负荷的能力。而植物在吸收净化磷物质时，随着磷浓度的升高，水生植物的净化率也升高。

（2）五种水生植物根系长度随着试验的进行而不断地增长，增长率最高的植物为千屈菜和凤眼莲。随着营养物质浓度的升高，植物根系活力呈现先上升后下降的趋势，说明在一定条件下，适宜的营养物质浓度能够促进根系活力升高，进而增强水生植物根系的净化能力。在不同程度的污染负荷下，千屈菜和凤眼莲的根系增长率、根系活力和过氧化氢酶活性均高于其他水生植物，说明千屈菜和凤眼莲对修复污染环境具有较强的能力，且能够适应不同的富营养水平。

综合考虑整个试验指标，包括五种水生植物对污染环境的净化效果，以及不同营养水平与根系的响应关系，可知千屈菜和凤眼莲较其他水生植物净化修复效果更好。

5 动态水力条件下水生植物净水试验研究

5.1 研究内容

对于大部分河流和湿地系统而言，其净化效果受到水力停留时间等因素影响。同时，动态水力条件下水生植物净化过程存在一定扰动，与静态水力条件相比，其水体受外部环境影响更加显著。此外，动态水力条件下形成持续的污染物补充，污染物浓度相对于静态水力条件而言要更高。为了探明动态水力条件下水生植物的净化能力，课题组充分利用辉山明渠污水厂原水，构建水生植物系统模型，对不同污染负荷下的挺水植物、浮水植物和沉水植物等水生植物的净化能力开展试验研究。

5.2 材料与方法

5.2.1 试验材料

5.2.1.1 供试植物

根据市场上水生植物的供苗情况，同时结合前文试验研究内容，课题组选择了14种工程常用水生植物来完成动态水力条件下的净化试验（见表5-1）。其中，包括6种挺水植物、3种浮水植物和5种沉水植物。

表 5-1 供试植物种类

植物名称	科属	生长类型	适宜生长温度（℃）
芦苇	禾本科	除森林生境不生长外，在各种有水源空旷地带，易形成连片的芦苇群落	15 ~ 30
茭白	禾本科	水生或沼生，常生于浅水带，对底质、温度适应性较强，松软、肥沃处更好	10 ~ 25
香蒲	香蒲科	喜高温多湿气候，对土壤要求不严，以有机质 2% 以上的壤土为宜	15 ~ 30
水葱	莎草科	喜肥沃、松软淤泥，耐低温，北方大部分地区可露地越冬	15 ~ 30
莎草	莎草科	喜温暖及阳光充足的环境，生活在水中，耐热，耐瘠，不择土壤	18 ~ 28
菖蒲	天南星科	喜冷凉湿润气候、阴湿环境，耐寒，忌干旱。冬季以地下茎潜入泥中越冬	20 ~ 25
凤眼莲	雨久花科	喜欢温暖湿润、阳光充足的环境，适应性很强。具有耐寒性，喜欢生于浅水中，随水漂流，繁殖迅速	18 ~ 23
大藻	天南星科	喜欢高温多雨，适宜于在平静淡水池塘、沟渠生长	>10
菱	菱科	喜光照充足，喜温暖，不耐寒	15 ~ 30
黑藻	水鳖科	喜光照充足，喜温暖，耐寒冷，对水深、水质、底质等适应性很强	15 ~ 30
金鱼藻	金鱼藻科	稻田分布较多，静水池塘、湖泊、沟渠中亦有分布	15 ~ 25
马来眼子菜	眼子菜科	多年生草本，生于地势低洼、长期积水、土壤黏重的地方及池沼、河流浅水处	15 ~ 28
狐尾藻	小二仙草科	夏季生长旺盛，冬季生长慢，耐低温，对气候、水温均有很好的适应性	20 ~ 28
苦草	水鳖科	生于溪沟、河流、池塘、湖泊之中。对水深、水质、底质等适应性较强	20 ~ 28

5.2.1.2 供试污水

随着环境管理要求的持续提高，城市污水处理厂尾水排放标准逐步提高。当前城镇污水处理厂最常执行的是《城镇污水处理厂污染物排放标准》（GB 18918-2002）二级和一级 A 标准。然而，一些经济相对发达的地区或者一些敏感水体要求城镇污水处理厂提标改造，排水水质要接近《地表水环境质量标准》（GB 3838-2002）中的 IV 类和 V 类水质标准。为此，试验的进水污染物浓度设定于地表水 IV 类至污染物排放标准二级之间。根据植物的耐污特性，课题组分别为挺水植物、浮水植物和沉水植物设定了进水浓度范围。试验用水采用上游污水处理厂排入辉山明渠的尾水，污水浓度处于一级A 至三级标准之间；考虑到浮水植物和沉水植物的耐污能力相对较弱，浮水植物组和沉水植物组采用辉山明渠湿地处理中心储水池中的蓄水，进水浓度维持在地表水IV类至一级 B 之间。具体试验条件见表 5-2。

表 5-2　动态水力条件下的试验条件

植物品种	试验条件			
	COD（mg/L）	NH$_3$-N（mg/L）	TN（mg/L）	TP（mg/L）
芦苇、茭白、香蒲水葱、莎草、菖蒲	47.9~111.4	15.2~26.5	21.2~31.6	1.1~3.4
凤眼莲、大藻、菱	28.18~50.0	6.33~12.87	10.07~15.12	0.41~1.53
黑藻、金鱼藻、马来眼子菜、狐尾藻、苦草	40~50	2.0~5.0	2.0~15	0.4~1.0

5.2.2 试验设计

将蠕动泵连接容积为 25L 的塑料桶（φ36.7cm×h34cm）组成试验模型，在桶底部放置 10cm 厚的清洗后的火山岩基质填料作为支撑材料。每个塑料桶中放置一种植物，每盆 5 株；每种植物设置 3 个平行样（见图 5-1）。出水口位于塑料桶底部，出水高度与进水高度保持相同，利用连通器原理保持桶内水量平衡。初始蓄水 15L，用蠕动泵每天向桶内补充 5L 辉山明渠湿地污水处理中心原水，利用连通器保持桶内水量平衡。试验周期为 4 月 15 日至 7

月 5 日，将供试植物栽植在试验模型中，待植物萌发后定期测定植物生长状况。当达到植物旺盛生长期时进入污水，适应两周后开始测试。

图 5-1   试验装置图

5.2.3   试验方法

5.2.3.1   水样的采集和分析方法

试验开始时，测定供试水样的各项初始指标和植物的初始状态指标。之后，每周测定进出水样的化学需氧量、氨氮、总氮和总磷四项指标，并测量水生植物的生长指标。根据国家规定的水体指标及标准并参考各种资料，本试验选取测定的水体指标有总氮、氨氮、总磷、化学需氧量等，检测方法与前文 3.2.3 节一致。

5.2.3.2   数据分析方法

采用 Microsoft Excel 2013 和 SPSS 23.0 软件进行数据统计分析。

5.3   结果与分析

5.3.1   不同污染负荷下挺水植物对污染物的净化效能

在低浓度环境下，芦苇的适用性好、水质净化能力较强。试验数据表明，当化学需氧量浓度为 47.94mg/L 时，芦苇对化学需氧量的去除率达到 75.1%（见

图 5-2）。随着污水浓度的升高，在污水化学需氧量浓度为 75.4~89.14mg/L 时去除率迅速下降至 50.6%。当污水中的化学需氧量浓度达到 90mg/L 以上时，芦苇的去除率在 60% 附近波动，出水浓度基本稳定在 40mg/L 左右。污水环境中的氨氮和总氮浓度变化对芦苇的污水去除率的影响不明显，当氨氮浓度从 15.25mg/L 变化至 26.43mg/L 时，芦苇的氨氮去除率始终维持在 55% 附近。而芦苇对总氮的去除率也非常稳定，除了总氮浓度在 25mg/L 附近时去除率约为 42% 之外，其他浓度环境下基本保持在 53% 左右。芦苇对总磷的去除效率较高，平均达到 60%，但是波动较大，在总磷浓度为 1.5mg/L 左右时，去除率仅为 33.3%。

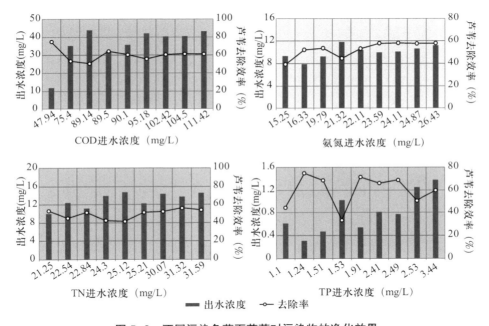

图 5-2　不同污染负荷下芦苇对污染物的净化效果

　　茭白又名茭草或菰，其对污染物的去除率与芦苇基本相当。低浓度污水环境下，茭白对化学需氧量的去除率为 70.7%（见图 5-3），其他各浓度污水环境下的平均去除率为 56.2%，较芦苇低 4 个百分点。茭白对氨氮的平均去除率达到 53.6%，氨氮浓度为 24.11mg/L 时，去除率最高达到 66.3%。茭白对总氮的去除率整体非常平稳，平均为 49.8%，最高时达到 56%。茭白对总磷的去除率变化与芦苇相似，除了在总磷浓度为 1.53mg/L 时去除率为 46.7%

外，其余浓度平均去除率达到 66.9%，较芦苇更高。

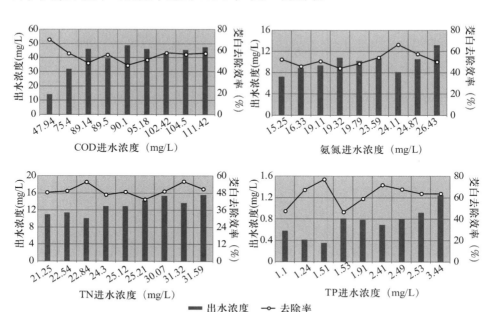

图 5-3　不同污染负荷下茭白对污染物的净化效果

香蒲对化学需氧量的去除率整体较前者稍低，平均为 52.3%；但是香蒲对氨氮的去除率平均达到 54.6%，且波动幅度较小。在各浓度的污水环境下，香蒲对总氮维持着 55.2% 左右的去除率，但是当总氮浓度在 25~30mg/L 之间时，去除效率降低至 46% 附近（见图 5-4）。

在挺水植物中，水葱对化学需氧量的去除率不高，平均不到 50%。尽管低浓度的污水环境下达到 75%，但在大部分浓度的污水环境下去除率仅为 40%。水葱对氨氮和总氮的去除率整体平稳，对氨氮的去除率维持在 60%~70% 之间；而大部分时候其对总氮的平均去除率达到 64.1%，比其他三种植物都要高。低浓度的污水环境下，水葱对总磷的去除率较高，平均达到 64%，但是当浓度达到 1.53mg/L 以上时，平均去除率下降至 54.7%（见图 5-5）。

菖蒲对化学需氧量的平均去除率基本保持在 50% 左右，较水葱稍高。并且，菖蒲对氨氮的去除率较高，在各污染浓度下平均达到 69.4%。除此之外，菖蒲对总氮的去除率也非常高，平均去除率达到 60.9%。菖蒲对磷的吸收能力相对较弱，低浓度环境下其对总磷的平均去除率仅为 42.7%；但随着水中

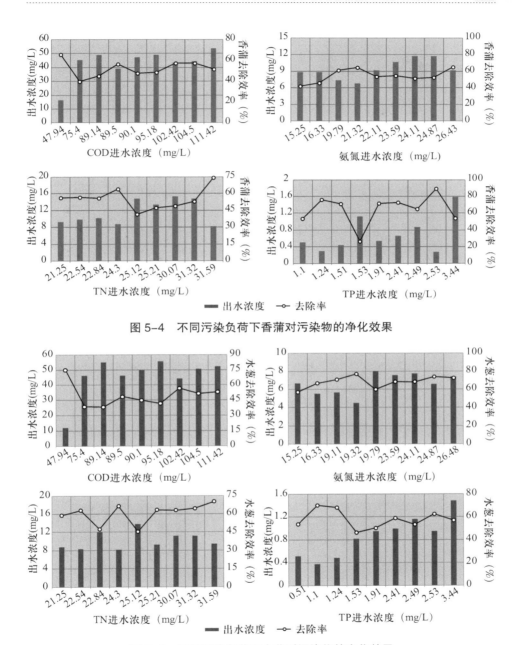

图 5-4 不同污染负荷下香蒲对污染物的净化效果

图 5-5 不同污染负荷下水葱对污染物的净化效果

污染物浓度的升高，菖蒲对磷的去除率也在升高，总磷浓度为 1.53mg/L 以上时，菖蒲对总磷的平均去除率达到 63.8%（见图 5-6），达到与其他植物相当的水平。

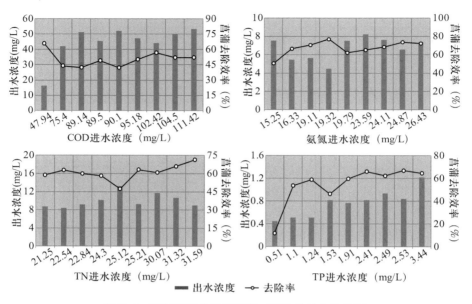

图 5-6　不同污染负荷下菖蒲对污染物的净化效果

　　与菖蒲相似，莎草对化学需氧量的去除率整体水平也不高，但对氨氮和总氮的平均去除率均在 65% 以上。低浓度环境下，莎草对磷的去除率波动也非常大，最低时仅为 7.8%，而最高时达到 75%。当环境浓度达到 1.53mg/L 以上时，莎草对磷的去除率保持在 60% 左右（见图 5-7）。

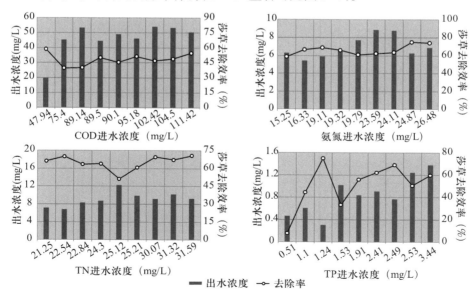

图 5-7　不同污染负荷下莎草对污染物的净化效果

5.3.2 不同污染负荷下浮水植物对污染物的净化效能

由于浮水植物漂浮于污水环境中，工程上一般仅在净水状态或流速较小的水体下使用。在浮水植物中，凤眼莲对污染物的去除率较高，轻度污染负荷下，凤眼莲对化学需氧量的去除率平均达到68.3%。当氨氮浓度低于9mg/L时，凤眼莲对氨氮的平均去除率达到67%，最高达到83.6%；当氨氮浓度高于9mg/L时，凤眼莲对氨氮的平均去除率达到49.6%。凤眼莲对总氮的去除率变化趋势与对氨氮的去除率基本一致，平均去除率达到56.7%。当总氮浓度达到14mg/L以上时，凤眼莲对总氮的平均去除率达到47.0%。凤眼莲对磷的平均去除率为52.5%，去除率的波动范围超过20%（见图5-8）。

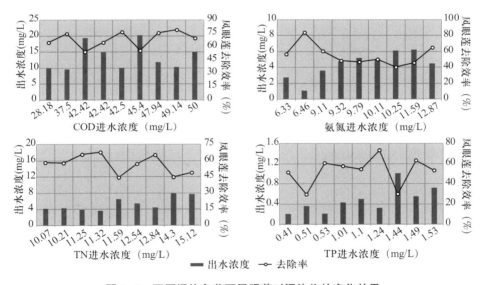

图5-8 不同污染负荷下凤眼莲对污染物的净化效果

大藻对化学需氧量的去除率比凤眼莲稍低，平均去除率达到65.3%。当氨氮浓度低于9.5mg/L时，大藻对氨氮的去除效果稳定，平均去除率为54.3%；而当氨氮浓度高于9.5mg/L时，大藻对氨氮的平均去除率为49.1%，且去除效果波动很大，去除率波动范围超过20%。大藻对总氮的去除效果变化趋势与对氨氮的去除效果不同，当总氮浓度低于11.5mg/L时，平均去除率为49.2%，波动范围接近15%。大藻对磷的去除效果一般，平均去除率仅为45.4%，而且波动范围超过30%（见图5-9）。

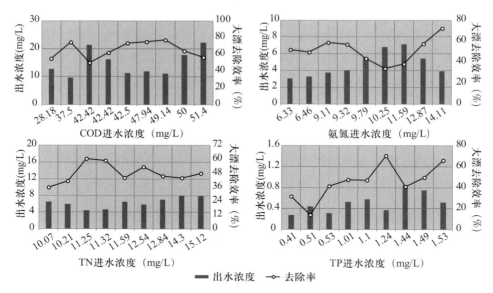

图 5-9　不同污染负荷下大藻对污染物的净化效果

　　菱对各种污染物的去除效果较为接近，平均去除率都在 50% 左右，波动范围均接近 20%（见图 5-10）。菱对磷的去除规律可供利用，随着水中污染物浓度的升高，菱对磷的去除率不断增加，说明菱适应于高磷环境，同时菱作为经济作物能够提供果实，因而是高磷环境下的合适选择。

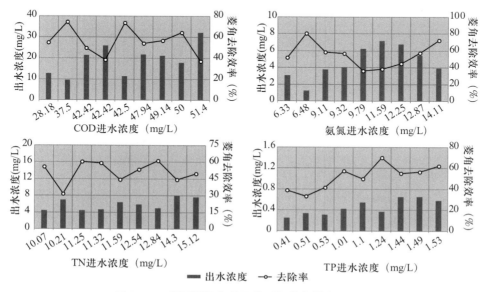

图 5-10　不同污染负荷下菱对污染物的净化效果

5.3.3　不同污染负荷下沉水植物对污染物的净化效能

课题组选择了黑藻、金鱼藻、马来眼子菜、狐尾藻五种沉水植物，在一级 A 标准污水环境下，沉水植物的氨氮去除率都在 70% 以上，金鱼藻的去除效率最高，为 76.4%；黑藻的去除效率最低，为 70.3%（见图 5-11）。所以，在一级 A 标准环境下，对于氨氮的净化，植物间的差距不显著，净化能力由高到低依次为：金鱼藻 > 马来眼子菜 > 苦草 > 狐尾藻 > 黑藻。在 V 类水体环境下，除了马来眼子菜和狐尾藻，其他植物对氨氮的去除效率均有一定程度的提高。黑藻和金鱼藻的去除率最高，达到 80%；苦草的去除率也提升了 4.5 个百分点，狐尾藻的去除率基本维持稳定；而马来眼子菜的去除率大幅降低，降幅达到近 15 个百分点。

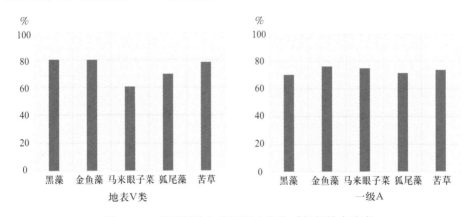

图 5-11　不同污染负荷下沉水植物对氨氮的去除率

沉水植物对于总氮的去除率差别较为明显，在一级 A 标准的污水环境下，苦草对总氮的去除效率最高，为 54.8%（见图 5-12）；在 V 类水体环境下，苦草的去除率相对稳定，金鱼藻的去除率大幅提升约 40 个百分点。这说明，金鱼藻对总氮的耐受程度相对较低，而苦草的耐受能力较强。其他三种植物对总氮的去除率整体有一定程度的提升，狐尾藻的提升幅度最大，为 11.6%。

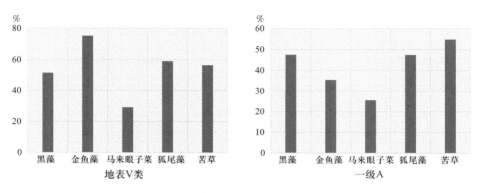

图 5-12　不同污染负荷下沉水植物对总氮的去除率

在一级 A 标准的污水环境下，沉水植物对总磷的去除率均不高，黑藻对总磷的去除率相对较高，仅为 40.6%，其他植物的平均去除率为 35% 左右；金鱼藻的去除率最低，为 28.6%（见图 5-13）。在 V 类水体环境下，植物对磷的去除率有较大幅度的提升，平均提高 20 个百分点。黑藻对总磷的去除率依旧最高，达到 66.2%；而狐尾藻对总磷的去除率大幅提高至 64.8%，说明狐尾藻在微污染环境下的净化能力更强。苦草和金鱼藻对总磷的去除率都提高了 25%~30%，但马来眼子菜的去除率有一定程度的降低，说明其更适合于中度污染的水体环境。

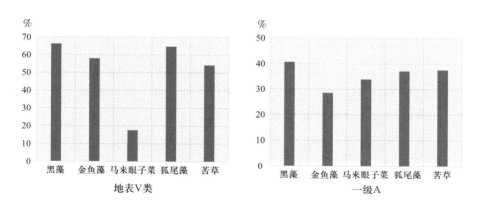

图 5-13　不同污染负荷下沉水植物对总磷的去除率

整体来看，从化学需氧量的去除效果看，挺水植物中芦苇、茭白的去除率略高于其他受试挺水植物，挺水植物对化学需氧量的平均去除率为

52.8%。而浮水植物中，大藻、凤眼莲的去除率相对略高，浮水植物对化学需氧量的平均去除率为 62.7%。从氨氮的去除效果看，水葱、菖蒲、莎草的去除率高于其他挺水植物，挺水植物对氨氮的平均去除率为 60.2%。浮水植物中凤眼莲、菱的去除率较高，浮水植物对氨氮的平均去除率为 53.9%。从对总磷的去除效果看，香蒲、茭白的去除率高于其他挺水植物，挺水植物对总磷的平均去除率为 58.3%。浮水植物中菱、凤眼莲的去除率较高，浮水植物对总磷的平均去除率为 49.1%。在 V 类水体环境下，沉水植物对氨氮的平均去除率达到 73%，对总氮的平均去除率为 54.3%，对总磷的平均去除率为 52.12%。在一级 A 水体环境下，沉水植物对氨氮的平均去除率还能保持在 73%，但对总氮的平均去除率下降至 42.16%，对磷的平均去除率也下降为 35.56%。因此，轻度污染环境下，运用沉水植物进行处理效果较好。

5.4　讨论

将污水试验结果按照浓度进行分类汇总，得出不同污水浓度范围内水生植物对污染物的净化效果。表 5-2 显示，挺水植物组的污水中化学需氧量浓度处于一级 A 至三级之间；氨氮和总氮、总磷均处于二级至三级之间。对应浓度下挺水植物对化学需氧量和总磷的净化效果如图 5-14 所示，可以看出挺水植物的耐受能力较强，六种挺水植物在动态污水环境中较好地生长，且能够保持较高的污染物去除效率。挺水植物对化学需氧量的平均去除率为 52.8%，对总磷的平均去除率为 58.3%。总体而言，芦苇对化学需氧量的净化效果最佳，莎草和水葱相对较弱；一级 A 环境下的去除率最高，净化后水体化学需氧量浓度可达到 III 类水质标准；二级和三级污水环境下净化后水体中化学需氧量的浓度分别达到 V 类和一级 A 标准。

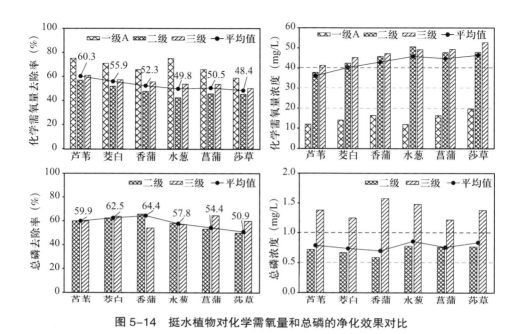

图 5-14　挺水植物对化学需氧量和总磷的净化效果对比

　　六种挺水植物中，水葱、菖蒲和莎草对氨氮的去除率较高，平均达到 66.3%~68.0%（见图 5-15），处理后的污水氨氮浓度能达到一级 B 标准；芦苇、茭白和香蒲对氨氮的净化效果相对较低，平均去除率达到 52.6%~54.6%，处理后的污水氨氮浓度能达到二级标准。挺水植物对总氮的去除率保持在 49.6%~66.7% 之间，二级污水环境下净化后总氮浓度保持在一级 A 标准。由此可见，芦苇、水葱、菖蒲、香蒲分别是化学需氧量、氨氮、总氮、总磷净化效果最佳的植物。分别是上述污染指标净化效果最佳的植物。

　　对比三种浮水植物可以发现，四种环境下凤眼莲对污染物的去除效果最佳；而菱的去除效果较平均（见图 5-16）。大藻对化学需氧量的去除效果较好，而对其他指标的去除效果不如其他两种植物。

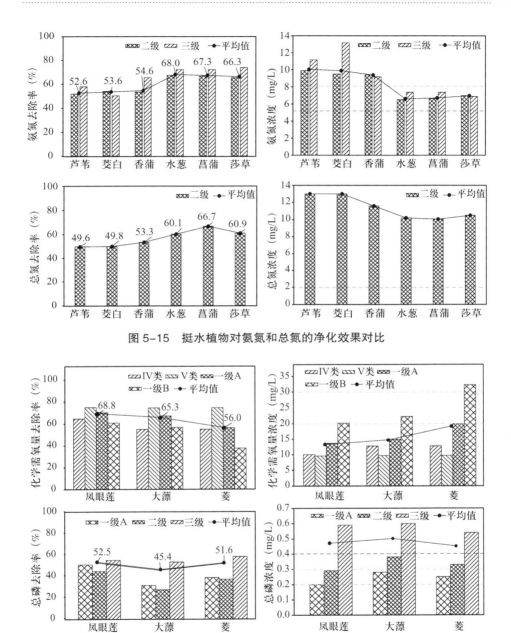

图 5-15 挺水植物对氨氮和总氮的净化效果对比

图 5-16 浮水植物对化学需氧量和总磷的净化效果对比

　　浮水植物对化学需氧量的平均去除率为 62.7%，凤眼莲和大薸对化学需氧量的去除率为 65.3%~68.8%，相对略高。在污水浓度为 V 类标准时其对化学需氧量的去除率最高，一级 A 标准时次之，一级 B 标准时最差。在低于一级 A 标准的污水环境下，三种植物出水的化学需氧量浓度均可以达到 Ⅱ 类水质标准；一级 B 标准下出水的化学需氧量浓度基本能达到Ⅳ至Ⅴ类标准。三种植物对总磷的平均去除率保持在 45.4%~52.5% 之间，其中二级标准下的总磷去除率最低。凤眼莲的去除效果相对较好，平均去除率达到 52.5%；大薸对总磷的净化能力相对较弱，平均去除率为 45.4%。污水浓度为一级 A 标准时出水浓度可达到Ⅳ类标准，为二级标准时出水浓度可达到Ⅴ类标准，为三级标准时出水浓度可达到一级 A 标准。

　　浮水植物对氨氮的平均去除率为 53.9%，凤眼莲、菱对氨氮的平均去除率分别为 57.0% 和 55.2%；凤眼莲对总氮的平均去除率为 56.7%，菱和大薸对总氮的去除率为 48.0%、51.0%（见图 5-17）。总体而言，浮水植物对氨氮和总氮的净化效果不如挺水植物，两种污水环境下出水的氨氮和总氮浓度仍然只能达到一级 A 标准。

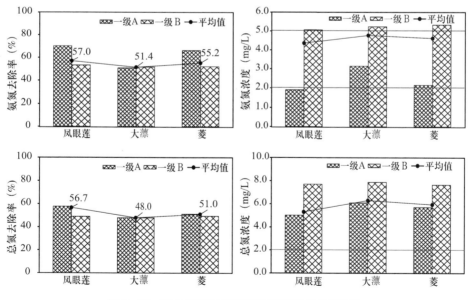

图 5-17　浮水植物对氨氮和总氮的净化效果对比

　　沉水植物对氨氮的去除率较高（见图 5-18），在Ⅴ类和一级 A 标准的污水环境下，出水的氨氮浓度能够保持在Ⅳ类至Ⅴ类标准之间。这是由于沉水植物在光照条件良好的状态下，白天释放大量氧气，使得水体溶解氧含量较高，水体中具有良好的氨氮降解环境。

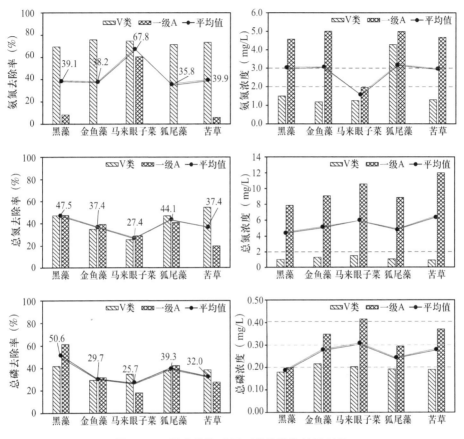

图 5-18　沉水植物对氮、磷的净化效果对比

沉水植物对总氮和总磷的去除效果一般，黑藻、狐尾藻和苦草的去除效果相对较好。相比较而言，两种污水浓度下的总氮去除率总体相当，苦草在一级 A 环境下的净化效果相对较低。在 V 类标准下，五种植物的出水总磷浓度勉强能达到Ⅲ类标准；除马来眼子菜外，其余沉水植物在一级 A 环境下的出水总磷浓度达到 V 类标准。这是由于沉水植物白天释放氧气后，水体中整体溶解氧含量较高，不利于完成氮的反硝化过程。

5.5　小结

通过对比动态水力条件下挺水植物、浮水植物和沉水植物对污染物的净化能力，发现在本试验条件下沉水植物对氨氮的去除效果最佳，而挺水植物对总氮、总磷的去除效果最佳；浮水植物对化学需氧量的去除效果最佳。沉水植物和浮水植物受污染浓度的影响较挺水植物更明显，在一级 A 或一级 B 标准的污水环境下对各种污染物的去除效果均有下降；而挺水植物在二级至三级标准的污水环境下，仍能够保持较好的污染物去除能力。

6

水生植物优化配置技术体系

6.1　研究内容

本研究按照适地适种、共生互利、景观搭配等基本原则，根据植物的生长环境（气候、水深、透明度等），依据植物个体的生长习性及植物间生存关系等对水生植物的种类进行组合。综合考虑水质净化、景观美化、生态系统修复等功能需求，构建多目标综合评价指标体系。通过定性与定量指标相结合的方式，对各植物组合系统进行综合评估，从而确定出一套植物群落优化配置的技术体系。依据该技术体系，对水生植物种类、密度及空间格局等技术参数进行调整及优化，并最终确定适应不同城市河道污染环境的植物，以获得最优的处理效果。

6.2　水生植物优化配置方法

自然湿地系统支撑维系着地球生命系统，与人类福祉息息相关，是人类生存与现代文明的基础。植物群落在河湖生态系统的建构、平衡、维持、恢复等过程中起着举足轻重的作用。它们直接或间接地为生物提供食物，形成复杂的食物链；可以调节生态系统的物质循环，维持生态系统的良性循环；增加空间生态位，形成多样化的生境；影响并稳定水体理化指标，通过竞争抑制藻类过度繁殖；美化水体景观等。为了更好地发挥水生植物群落的作用，其优化配置必须综合考虑对河流生态系统的功能需求，同时要维护生态系统结构的稳定性。

然而，河流湿地生态修复不是创造一个新的河流生态系统，也不可能使自然河流生态系统的完全复原，更不是园林景观建设，而是在调查、监测与评估的基础上，遵循自然规律，制定合理的规划，通过人们的适度干预，来改善水文条件、地貌条件、水质条件，以维持生物多样性，进而改善河流生态系统的结构与功能。它是指在充分发挥生态系统自修复功能的基础上，采取工程和非工程措施，促使河流生态系统恢复到较为自然的状态，从而改善其生态完整性和可持续性的一种生态保护行动。

6.2.1 理论基础

面对我国生态环境和社会经济发展过程中存在的严重问题和潜在的威胁，我国著名生态学家马世骏在1973年提出了以"整体、协调、循环、再生"为核心的生态工程基本概念，并在1984年将生态工程定义为"应用生态系统中物种共生与物质循环再生原理，结构与功能协调原则，结合系统分析的最优化方法，设计的促进分层多级利用物质的生产工艺系统"。

生态工程以生态学原理为基础，吸收、渗透了其他学科的理论与技术，其目的是通过复合生态系统的管理，使投入的能量和物质最小，对资源利用最合理，社会产品更丰富，风险最小而综合效益最高，达到对人类社会和自然环境双方都有利并能可持续发展的目的，以解决工业化过程带来的产业发展与资源消耗、人口增长与环境退化、社会发展与生态恶化的矛盾。同时，通过生态工程的设计手段，把本来矛盾的事情转化为相互协调、彼此促进，不断向良性方向发展的事物，使人类社会、经济生产和生态环境实现可持续发展。

6.2.2 配置方法

6.2.2.1 总体思路

基于水生植物对生长环境的适应程度、景观格局及色彩需求，以及生物种间关系，本研究从空间尺度和时间尺度两方面构建了水生植物群落优化配置技术体系。该体系从本土植物调查入手，基于对植物生长环境适应度的评价，构建适合于本土环境生长的植物库。按照植物形态来考虑景观搭配，并以此确定各区域内不同时期的植物备选方案。按照增加生物多样性的原则，尽可能丰富水生植物的物种。在列出存在竞争关系的物种后，分别将其与其他植物组合形成多组配置方案。

6.2.2.2 配置原则

结合以往的研究，本研究在水生植物的筛选和配置过程中需要综合考虑以下五个方面。

（1）适地适种：适应能力优劣。综合考虑植物的抗逆性、生长周期、生物量大小及根系发育状况，选择耐污能力和抗寒能力强的物种。选择在本地适应性好的植物，通常优先选择本土植物。植物还应该具备一定的抗病虫害能力和竞争能力，从而能够较好地适应环境。

（2）互利共生：种间匹配协调。当水生植物处在相同的生长环境时，处于相同或相似生态位的植物为了获取更多的生存资源，如光照等，相互间往往都存在一些抑制机制。同样也存在一些种间匹配程度较好的水生植物群落，伴生种与优势种、建群种之间具有良好的共生机制。因而，在选择植物时需要注意物种间的竞争和共生关系。

（3）景观搭配：景观效果需求。水生态修复工程往往具有一定的景观需求，因而需要从景观布局、群落配置和生态美学等多个方面对植物进行调配。植物在不同的生长阶段，所呈现的形态特征也有所不同，因而需要根据不同季节要呈现的景观特点来挑选和布置植物。

（4）水质最优：净化效果需求。水质净化是生态修复工程应当具备的重要功能之一，而不同物种对污染物的去除也具有一定的偏好。因而，需要根据生态修复工程的净化目标，有所偏重地选择相应的植物物种。此外，由于植物吸收水中的营养物后用于自我生长，繁茂的植物根系有利于微生物的附着，可以促进根系微生物的污染物降解作用，因而需要偏重选择根系发达、生物量大的植物类型。

（5）成本最低：投资成本需求。水生态修复工程涉及范围大、工程投资高，需要在满足生态修复功能的基础上，尽可能压缩建设和维护成本。在种植植物时，还需考虑水生植物的经济价值和生态效应等，所选的植物应具有广泛用途或经济价值高，如水生蔬菜、饲料植物等，增加人工湿地的经济收入，降低成本。

6.2.2.3 配置步骤

首先依据适地适种的原则，根据植物能够适应的环境指标筛选出植物备选库。在景观搭配过程中，依据工程的景观设计理念和地形条件，整理出不同水深范围下、不同时间段的色彩需求，并统计出每一色彩块的面积和拟布置植物的株高。根据工程占地面积、水质目标等条件构建目标函数和约束条件，构建出水质最优、占地最少或者投资最省的优化模型。最终，利用最优化方法计算得出优化配置方案（见图6-1）。

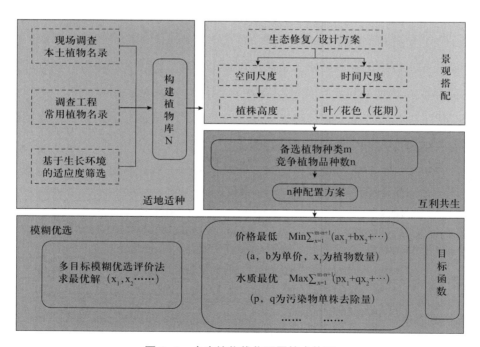

图6-1 水生植物优化配置技术体系

依据水生植物优化配置体系，可按照以下步骤来形成优化配置方案。

第一步，明确水域的环境特征（气候、地形、水质等），筛选出适合在该环境下生长的植物品种，形成植物库。

第二步，基于景观设计方案，明确每个高度和颜色的植物所分布的面积（如 0.5~1.0m 高的紫色植物的分布面积 100m^2，备选项有千屈菜、鸢尾等）。

第三步，确定目标和限制条件（最低成本、最优水质、植物种间是否共存）。

第四步，基于最优化方法的计算机模拟，经计算得到每种植物的种植面积，最终形成最优化方案。

课题组根据收集到的资料信息，对水生植物生长所需的光、气、水、土、肥等条件进行整理。选择了关键指标参数：光补偿点、光饱和点、最低耐受气温、停止生长温度、适宜温度以及水深、流速等。同时根据植物群落的生长特性统计了每种植物的伴生物种及生长密度（见表 6-1）。依据上述指标，梳理出适合于在拟修复河道内生长的水生植物种类（见表 2-7）。

表 6-1 常规水生植物的适应环境指标

植物品名	适宜环境								生长密度（/m²）	伴生物种
	水深（cm）	流速（m/s）	光补偿点（umol/m²·S⁻¹）	光饱和点（umol/m²·S⁻¹）	最低温度（℃）	停止生长（℃）	适宜温度（℃）	pH		
芦苇	30~50	0~0.139	4.72	938	5	-10~5	15~30		10~12丛；3~5株/丛	毛果苔草、黑三棱和薄叶勿蹄草等，其伴生种类丰富，10种以上
香蒲	60~100	0~0.213	19.33	820.26	10	<10	15~30		7~10株	与芦苇、菖蒲、水葱、慈姑、泽泻及蓼属植物等混生
水葱	20~30	<0.05	38.74	965.33	10	<10	15~30	7~8	8~11株	菱角、荇菜、眼子菜等泛叶植物
菰	3~20	0~0.212	37.24	1892.42	5	5~15	10~25	5~7	9株	浮萍、满江红、荇菜等植物
菖蒲	30~40	0.2~0.3	145	174.8	10	<10	20~25	6~8	2~3芽/丛，20~25丛	
灯心草	10~30	<0.05	45	1050	-15	<-15	15~25	6~7	25株/丛，12株/丛	荆三棱和水蓼
千屈菜	30~40	<0.05	67	540.84	0	0~5	20~30	7.56~9	7~10株	

续表

植物品名	适宜环境								生长密度(/m²)	伴生物种
	水深(cm)	流速(m/s)	光补偿点(umol/m²·S⁻¹)	光饱和点(umol/m²·S⁻¹)	最低温度(℃)	停止生长(℃)	适宜温度(℃)	pH		
蘑草	55	<0.05	36.76	571.58	-15	-15~7	13~19	5.2~6.3	8~10株/丛,5~8株/丛	芦苇、水葱、香蒲等
鸢尾	20以上	<0.05	38	300	-10	5~8	15~35	6.8~7.0	16株	香蒲、睡莲和荇菜
美人蕉	<10	<0.05	90	1250	5	<5	25~30	5.5~6.5	8株	空心莲子草、香蒲等
风车草	0~15	<0.05	29.72	540.84	5	<7	15~25	6~6.5	17株	芦苇、姜花、美人蕉、花叶芦苇等
再力花	<60	0.12~0.23	27.7	387	10	<20	20~30	7~7.5	16株	千屈菜和睡莲
花叶芦竹	20~40	<0.05	37.24	1892.42	-5	5	18~35	5.5-6.5	4~5芽/丛,12~16芽/丛	黄花鸢尾和茭草为伴生
香根草	80~150	<0.05	40.78	1267.26	-15	10	-10~50	强酸强碱均能适应	23株	圆果雀稗
水芹	5~15	<0.05	36.00	430.00	-10	<5	15~25	5.5~6.5	10~20株	泽芹等许多沼生或湿地植物
蕺菜	<10	<0.05	1.63	1550.75	-10	-5	15~20	5.65~7	10~20株	—
凤眼莲	<30	0.05~0.12	31.19	1520	4~5	10	18~23		20~30株	空心莲子草、浮萍、大藻等

续表

植物品名	适宜环境								生长密度(/m²)	伴生物种
	水深(cm)	流速(m/s)	光补偿点(umol/m²·S⁻¹)	光饱和点(umol/m²·S⁻¹)	最低温度(℃)	停止生长(℃)	适宜温度(℃)	pH		
大薸	<23	0.30	28.65	1383	10	5	23~35	6.5~7.5	15~20株	很少有伴生种出现
菱	60	<0.05	76	530	0	15	25~36		4~6株	黑藻、金鱼藻及苦草
慈姑	55	0.1~0.2	30	1047	0	<14	25~28	6~7.8	10~16株	以挺水植物为主，常与菱荇组成混交群落
睡莲	25~30	0.12~0.24	27.7	387	0	0~5	25~30	6~8	1株	荷花、水芹菜、荇草、满江红等
狐尾藻	500~600	0.0148	21.6	790	0	0~5	20~25	7~8	8~10丛，5~7株/丛	穗状狐尾藻
黑藻	<20	0.30	28.9	190	<4	4	15~30	6	8~10丛，5~7株/丛	渣草
苦草	70~100	1.40	174.8	145	-10	10	15~25	82~925	8~10丛，3~5株/丛	睡莲、凤眼莲、满江红等
金鱼藻	100~300	0~0.05	20.5	190	0	7~10	13~16	7.6~8.8	8~10丛，5~7株/丛	渣草
马来眼子菜	60~450	<0.5	26	210	-15	0~10	15~28	6~7	4~6丛，5~7株/丛	—

6.2.2.4 优化模型

主体是优化配置模型，分为投资最优模型、占地面积最优模型、水质最优模型。

（1）投资最优模型。投资最优模型以投资最低为目标，构建出最优化模型。

目标函数：$Minf(x) = \sum_{i=1}^{m_j}\sum_{j=1}^{n}p_{ij}x_{ij}$ （6-1）

约束条件：$\sum_{i=1}^{m_j}\dfrac{x_{ij}}{N_{ij}} \leqslant A_j / 3$；$\sum_{j=1}^{n} = A_j = A$；$\sum_{i=1}^{m_j}\sum_{j=1}^{n}x_{ij}T_{ijk} \geqslant T_{tk}$

式（6-1）中，p_{ij} 为在 j 地块中第 i 种植物的单价（元）；x_{ij} 为在 j 地块中第 i 种植物种植数量（千株）；N_{ij} 为在 j 地块中第 i 种植物的种植密度（株/m^2）；T_{ijk} 为在 j 地块中第 i 种植物针对第 k 种污染物的去除量［kg/（d·千株）］；T_{tk} 为第 k 种污染物的应去除总量（kg）；A_j 是第 j 种条件下的种植面积；n 为不同种植条件的类型数；m_j 为适宜 j 地块种植的植物品种数量。

（2）占地面积最优模型。占地面积最优模型以占地面积最小为目标，构建出最优化模型。

目标函数：$Minf(x) = \sum_{i=1}^{m_j}\sum_{j=1}^{n}\dfrac{x_{ij}}{N_{ij}}$ （6-2）

约束条件：$\sum_{i=1}^{m_j}\sum_{j=1}^{n}p_{ij}x_{ij} \leqslant M$；$\sum_{i=1}^{m_j}\sum_{j=1}^{n}x_{ij}T_{ijk} \geqslant T_{tk}$

式（6-2）中，p_{ij} 为在 j 地块中第 i 种植物的单价（元）；x_{ij} 为在 j 地块中第 i 种植物种植数量（千株）；T_{ijk} 为在 j 地块中第 i 种植物针对第 k 种污染物的去除量［kg/（d·千株）］；T_{tk} 为第 k 种污染物的应去除总量（kg）；m_j 为适宜 j 地块种植的植物品种数量；n 为不同种植条件的类型数；M 为投资额度（元）。

（3）水质最优模型。该模型以污染物去除量最多为目标，构建出最优化模型。

目标函数：$Maxf(x) = \sum_{k=1}^{q}w_k\sum_{i=1}^{m_j}\sum_{j=1}^{n}x_{ij}T_{ijk}$ （6-3）

约束条件：$\sum_{i=1}^{m_j}\dfrac{x_{ij}}{N_{ij}} \leqslant A_j / 3$；$\sum_{j=1}^{n} = A_j = A$；$\sum_{i=1}^{m_j}\sum_{j=1}^{n}p_{ij}x_{ij} \leqslant M$

式（6-3）中，p_{ij} 为在 j 地块中第 i 种植物的单价（元）；x_{ij} 为在 j 地块中第 i 种植物的种植数量（千株）；T_{ijk} 为在 j 地块中第 i 种植物针对第 k 种污染物的去除量［kg/（d·千株）］；A_j 是第 j 种条件下的种植面积；n 为不同种植条件的类型数；m_j 为适宜 j 地块种植的植物品种数量；q 为拟考察的污染物种类；w_k 为第 k 种污染物的权重；M 为投资额度（元）。

6.2.2.5　植物布局

为充分发挥人工湿地的净化功能，应根据不同植物对污染物的去除特点，着重在空间尺度方面对植物进行配置；同时为了增加人工湿地的景观特性，也应考虑在时间尺度对植物进行配置。在空间垂直尺度，主要是按照植物对水深的要求进行配置。除了部分浮水植物外，对人工湿地植物影响最大的生态因子就是水深，水深直接影响到水生植物的生存。尤其是表流湿地，由于其有水面梯度，在配置植物时应该充分考虑植物生态位的空间搭配，做到水边、浅水、深水的空间合理配置。在空间水平尺度，主要根据不同植物对污水的适应能力进行配置。通常人工湿地前段污水浓度较高，可选择耐污染能力较强的品种，如芦苇、菖蒲、凤眼莲、水葱等；在人工湿地后段，由于污水中污染物浓度降低，因此可以选用景观效果较好的植物，如睡莲、金鱼藻等。在时间尺度上，植物的配置首先要考虑植物在不同季节对污染物的净化能力，尤其是冬季气温对植物净化能力的影响。冬季气温较低，特别是北方地区，人工湿地植物通常存在生物量小、季节性休眠等问题。其次要考虑植物的季相变化，合理地安排植物景观设计，可以提高植物景观意境，避免景色单调。

通过前文的优化配置模型，已初步明确水生植物生长环境，并可以计算出适宜于该特定环境的水生植物类型及满足生态功能需求的植物生长数量。根据优势种所需要的水力条件，首先将计算得出的植物划分为挺水植物群落、浮水植物群落和沉水植物群落。在此基础上，根据生态位的理念确定出植物群落的建群种、优势种和伴生种。其中，优势种以植物在群落中的生物量超过 50% 为依据，伴生种根据本地植物群落结构中优势种的伴生关系确定。结合本地植物群落结构的基本组成和数量关系，组建适合该工程环境的植物群落。假定该工程计算得出需要芦苇 10000 株、菖蒲 8000 株、荷花5000 株、金鱼藻 10000 丛等，而已知本地环境下芦苇群落中上述植物的比例为 5：2：1：2，那么按照该比例优先组建优势群落。基于多余出来的植物类型和数量，继续确定优势种和伴生种，建立其他优势植物群落，直至所有植物全部纳入群落。

6.3　水生植物群落优化配置系统

系统的核心计算过程包括生态适宜性评估、最优化配置模型及植物群落配置方案评估三部分。系统基于植物的净化能力、景观效果及生物种间关系，从空间尺度和时间尺度两方面构建了水生植物群落优化配置技术体系。该体系从本土植物调查入手，基于植物生长环境适应度评价，构建适合于本土环境生长的植物库。按照景观设计需求，依据水生植物的颜色和形态来考虑景观搭配，并以此确定各区域内不同时期的植物备选方案。以丰富生态系统的物种多样性为原则，尽可能增加水生植物的物种选择。

6.3.1　系统界面

6.3.1.1　系统登录

在浏览器中输入系统网址 "http：//112.126.70.33/Aquatic_plant/index.php/login"，可进入登录界面（详见图 6-2）。在对应位置输入用户名与密码，之后点击登录可进入系统。必须在用户名与密码正确的情况下才能通过认证进入系统，使用系统的各种功能。

6.3.1.2　系统主页

输入用户名和密码后，进入系统的主界面。主界面包含"关于我们""植物库""个人物种""工程""个人信息"等功能，如图 6-3 所示。

图 6-2　系统登录界面

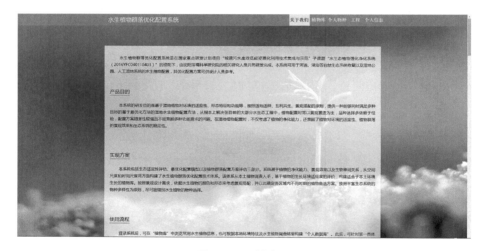

图 6-3　系统主页

6.3.2　系统设计

6.3.2.1　实体关系设计

根据系统的功能需求，实体关系设计如图 6-4 所示。用户利用多个环境区域和多种植物，新建工程计算符合投资、占地和污染物去除量标准的湿地水生植物的优化配置。其中，植物种类根据环境区域的生长适宜度筛选出来。

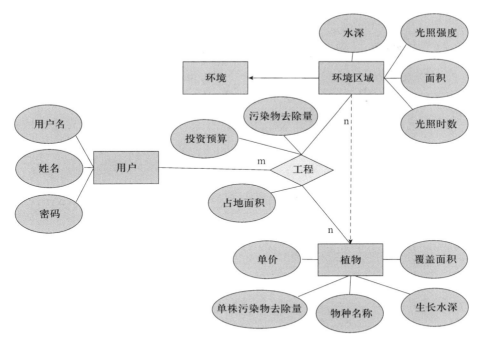

图 6-4   实体关系图

6.3.2.2   计算模型设计

系统的主体是优化配置计算模型，分为投资最优模型、占地面积最优模型、水质最优模型。基于以上计算需求，借助遗传算法的思想完成优化计算。借鉴生物界的进化规律（适者生存、优胜劣汰遗传机制）演化而来的随机化搜索方法，直接对结构对象进行操作，不存在求导和函数连续性的限定；具有内在的隐并行性和更好的全局寻优能力；采用概率化的寻优方法，自动获取和指导优化的搜索空间，自适应地调整搜索方向，不需要确定的规则。可以描述为下列数学规划模型：

$$\begin{cases} maxf(x) \\ x \in R \\ R \subset U \end{cases} \qquad (6\text{-}4)$$

式（6-4）中，x 为决策变量，$maxf(x)$ 为目标函数式，$x \in R$、R 为约束条件，U 是基本空间，R 是 U 的子集。满足约束条件的解 x 称为可行解，集合 $R \subset U$ 表示所有满足约束条件的解所组成的集合，称为可行解集合。遗传算法的基本运算过程如下。

（1）初始化：设置进化代数计数器 $t=0$，设置最大进化代数 T，随机生成 M 个个体作为初始群体 P（0）。

（2）个体评价：计算群体 P（t）中各个体的适应度。

（3）选择运算：将选择算子作用于群体。选择的目的是把优化的个体直接遗传到下一代，或通过配对交叉产生新的个体，再遗传到下一代。选择操作是建立在群体中个体的适应度评估基础上的。

（4）交叉运算：将交叉算子作用于群体。遗传算法中起核心作用的就是交叉算子。

（5）变异运算：将变异算子作用于群体。是对群体中的个体串的某些基因座上的基因值作变动。群体 P（t）经过选择、交叉、变异运算之后得到下一代群体 P（$t+1$）。

（6）终止条件判断：若 $t=T$，则以进化过程中所得到的具有最大适应度的个体作为最优解输出，终止计算。

系统使用 R 语言和 gramEvol 程序包具体实现遗传算法。整体过程的时序图如图 6-5 所示。

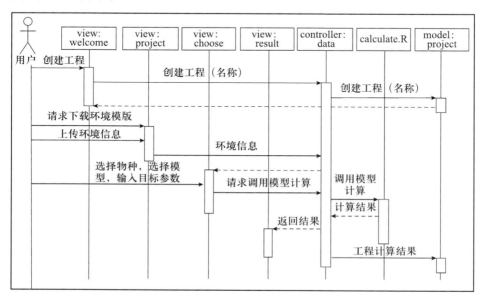

图 6-5　工程计算时序图

主要包括以下步骤。

1）用户提交工程名称，创建新的工程，将其记录在数据库中。

2）下载环境信息模版，填写后提交，在控制器中提取用户提交的环境数据，通过关键属性的比较，在物种数据中筛选合适的物种种类返回给用户。

3）用户选择最终进入模型计算的物种，选择模型并输入目标参数交给控制器。

4）控制器将所有计算数据传给 RScript，由 RScript 进行计算，最后将所有结果返回给控制器和结果页面。

5）控制器将此计算结果传递给 model，记录在数据库中。

6.3.2.3 实现技术

PHP CodeIgniter 框架、MySQL 数据库、RScript gramEvol 程序包。

6.3.3 系统运行

系统分为前台计算操作模块和后台管理模块。

6.3.3.1 前台计算操作模块

前台计算操作模块具体可分为植物库、个人物种数据管理、工程信息等几个部分，结构如图 6-6 所示。

（1）植物库。在前台模块中登录系统后，可在植物库中浏览常用水生植物信息，也可根据本地环境特征及水生植物调查结果构建个人数据库。在植物库中，可查询常用水生植物形态特征、生长习性、产地分布及功能用途等信息，物种信息将根据收录情况实时更新（如图 6-7 所示）。

（2）个人物种。在个人植物库数据中，可查看、修改和导出个人物种信息，上传方式可通过网页输入和表格输入两种方式完成。点击"添加个人物种"即可进入网页输入界面；同时，用户也可以下载预置的物种数据模版进行填写。用户将整理后的个人植物数据填入模版并上传，即创建完成用户个人的物种数据库。数据库指标包括水生植物适宜生长的多种环境指标（包括光、气、水、土、肥五大类指标），植物的各种综合数据（分布省份、形态特征、生长密度、单价等），以及植物的功能指标（单株污染物去除量等）。若需修改，提交新数据，覆盖旧数据即可（如图6-8所示）。

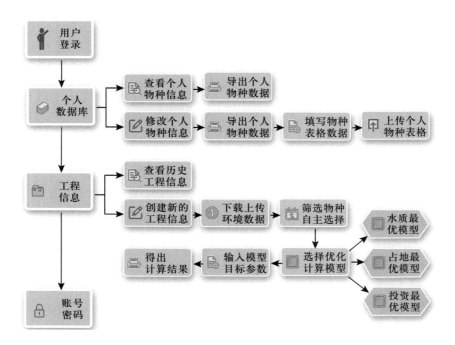

图6-6　前台功能模块

图6-7　植物库收录水生植物情况

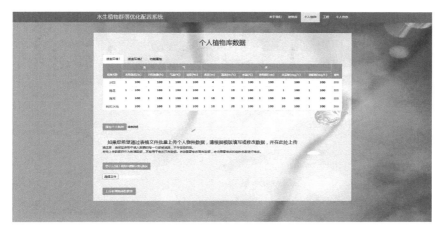

图 6-8　个人物种数据库

（3）工程信息。在工程模块中，可创建、查看和删除工程信息（如图 6-9 所示）。

图 6-9　工程信息界面

针对某一具体工程可录入与之相应的环境信息并选择优化计算模型，从而计算并获得优化计算结果（如图 6-10 所示）。

根据工程实际环境，用户需自行根据各种环境因素划分区域，并根据模版要求将信息数据填入模版，上传此文件后，该工程的环境数据即录入完毕。系统则根据用户提交的环境数据和用户先前提交的物种数据进行生长环境适应度计算，根据计算结果筛选出该环境中不同区域下适宜生长的植物种类。用户可根据生长环境适应度计算结果，自主决定最终进入配置优化计算的植物种类。若用户没有提交个人物种数据，我们在系统中也存有预置的物种数据，以保证有植物进入筛选（如图 6-11 所示）。

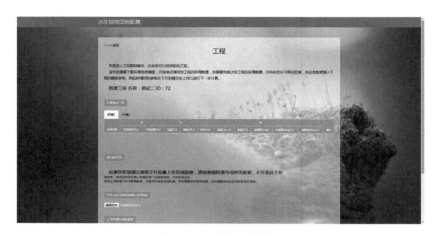

图 6-10 新建工程界面

图 6-11 生长环境适应度计算

用户在筛选各环境区域最终进入配置优化计算的物种后，需选择其中一个模型进行计算。根据工程优化目标，可分别选择水质最优、占地面积最优和投资最优三种模型（如图 6-12 所示）。开始计算前，用户需输入优化模型的目标参数，包括投资预算、用于种植的面积范围、几种主要污染物的去除量目标。若选择水质最优模型，还需要选择一种主要污染物作为优化目标。

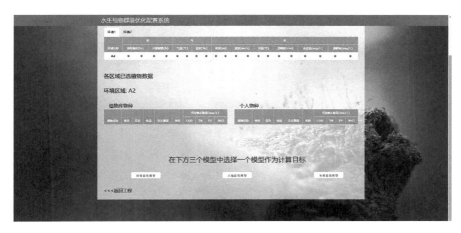

图 6-12　选择优化模型

　　当工程计算完毕，用户此后进入系统，都可在此查看该工程的计算结果，结果包括各环境区域的详细植物配置数量，以及各环境区域总体的污染物治理情况和占地、投资等目标结果。其中，环境区域由用户自行划分，并在适应度筛选时提交。若该工程未计算完成，则为用户保留此工程，可随时继续此工程。经计算后，将会得出该工程中水生植物在不同环境区域下的配置分布，以及各环境区域的污染物去除效果、占地面积和投资金额（如图 6-13 所示）。

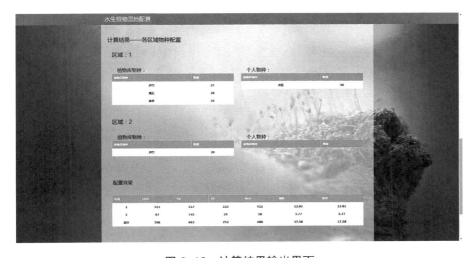

图 6-13　计算结果输出界面

在个人信息模块中，可以修改密码和联系我们（如图 6-14 所示）。

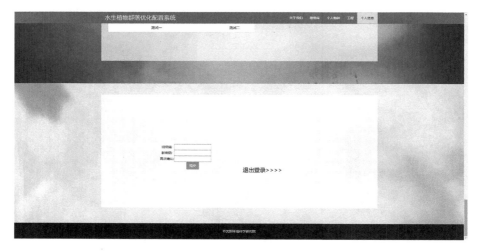

图 6-14　用户个人信息维护

6.3.3.2　后台管理模块

（1）后台系统登录。在浏览器中输入系统后台网址，可进入登录界面。在对应位置输入用户名与密码，之后点击登录可进入系统。必须在用户名与密码正确的情况下才能通过认证进入系统，使用系统的各种功能。详情如图 6-15 所示。

图 6-15　后台管理模块登录界面

（2）后台功能模块。后台模块分为管理说明、物种信息、环境模块、植物库模块、用户物种管理、用户工程管理及用户账号管理。其中，管理说明主要是对系统前台及后台使用方法等进行说明。物种信息包括用户上传的系统预设的水生植物物种信息。环境模块用于管理用户上传工程中按区域划分的环境信息。植物库模块用于管理系统预设的水生植物的信息维护及更新。用户物种管理可以查看用户上传的个人物种信息，也可以代替用户上传该用户的物种信息，如需修改，上传新数据，覆盖旧数据即可。用户工程管理模块中可查看所有用户的所有工程，若该工程计算完毕，可查看其计算结果和优化目标。用户账号管理界面可创建或删除用户，设置用户为普通用户或管理员。

6.4 水生植物系统服务功能评估

6.4.1 评估方法

根据水生植物系统对环境的适应性及其产生的生态环境效益，采用层次分析法（Analytic Hierarchy Process，AHP）对水生植物优化配置模型所形成的水生植物群落的服务性功能进行评估。层次分析法是指将与决策总是有关的元素分解成目标、准则、方案等层次，在此基础之上进行定性和定量分析的决策方法。该方法是美国运筹学家、匹茨堡大学教授萨蒂于 20 世纪 70 年代初，在为美国国防部研究"根据各个工业部门对国家福利的贡献大小而进行电力分配"课题时，应用网络系统理论和多目标综合评价方法提出的一种层次权重决策分析方法。这种方法的特点是在对复杂的决策问题的本质、影响因素及其内在关系等进行深入分析的基础上，利用较少的定量信息使决策的思维过程数学化，从而为多目标、多准则或无结构特性的复杂决策问题提供简便的决策方法。尤其适合于对决策结果难以直接准确计量的场合。

层次分析法在河流健康评价中应用广泛，是一种基于两两比较的分级定量评价方法。具体包括五个步骤：①通过对系统的深刻认识，确定该系统的总目标，弄清规划决策所涉及的范围、所要采取的措施方案和政策，以及实现目标的准则、策略和各种约束条件等，广泛地收集信息。②建立一个多层次的递阶结构，按目标的不同、实现功能的差异将系统分为几个等级层次。③确定以上递阶结构中相邻层次元素间的相关程度。通过构造两比较判断矩阵及矩阵运算的数学方法，确定对于上一层次的某个元素而言，本层次中与其相关元素的重要性排序——相对权值。④计算各层元素对系统目标的合成权重，进行总排序，以确定递阶结构图中最底层各个元素的总目标中的重要程度。⑤根据分析计算结果，考虑相应的决策。

在整个过程，层次分析法充分体现了人的决策思维的基本特征，即分解、判断与综合，易学易用，而且定性与定量方法相结合，便于决策者之间进行沟通，在处理复杂决策问题上具有实用性和有效性。目前，该方法已广泛应用在经济管理规划、能源开发利用与资源分析、城市产业规划、人才预测、交通运输、水资源分析利用等方面。

在应用过程中，层次分析法的优点表现在：①系统性。把研究对象作为一个系统，按照分解、比较判断、综合的思维方式进行决策，成为继机理分析、统计分析之后发展起来的系统分析的重要工具。②实用性。把定性和定量方法结合起来，能处理许多用传统的最优化技术无法处理的实际问题，应用范围很广，同时，这种方法使得决策者与决策分析者能够相互沟通，决策者甚至可以直接应用它，这就增加了决策的有效性。③简洁性。具有中等文化程度的人即可以了解层次分析法的基本原理并掌握该方法的基本步骤，计算也非常简便，并且所得结果简单明确，容易被决策者了解和掌握。

6.4.2 指标体系

由于水生植物系统的服务功能涉及生态系统的多个方面，其构建同样属于多目标决策问题，因而应用层次分析法可以较好地权衡河湖生态工程的多重目标。水生植物系统主要包括水质净化功能、景观美学、生态服务和经济成本及风险四个方面。本研究采用层次分析法，选取一级指标4个：净化功能、生态服务、景观美学、经济成本及风险（如图6-16所示）。

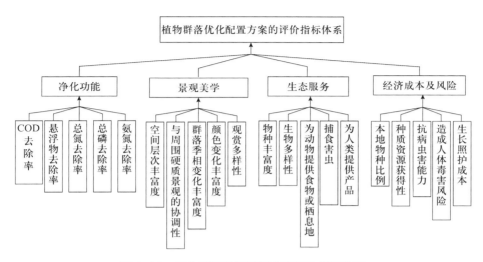

图 6-16　植物群落优化配置方案评价指标体系

通过对指标进行对比分析后，二级指标水质净化功能主要偏重于有机污染物去除能力、氮磷去除能力、悬浮污染物去除能力，指标包括化学需氧量去除率、氨氮去除率、总氮去除率、总磷去除率、悬浮物去除率。生态服务指标包括物种丰富度、生物多样性、为动物提供食物或栖息地、捕食害虫、为人类提供产品。景观美学指标包括空间层次丰富度、与周围硬质景观的协调性、群落季相变化丰富度、颜色变化丰富度、观赏多样性。经济成本及风险指标包括本地物种比例、种质资源获得性、抗病虫害能力、造成人体毒害风险、生长照护成本。

6.4.3　确定权重

邀请9位来自水处理、湿地修复领域的专家，对每层指标进行两两比较重要性打分（采用标度1~9，详见表6-2），通过模糊 AHP 计算方法得出各指标的权重因子。

表 6-2　权重赋值时标度 1~9 的重要性含义

重要性标度	定义描述
1	表示两个指标相比，具有同等重要性
3	表示两个指标相比，前者比后者稍微重要

续表

重要性标度	定义描述
5	表示两个指标相比，前者比后者明显重要
7	表示两个指标相比，前者比后者强烈重要
9	表示两个指标相比，前者比后者极端重要
2，4，6，8	表示上述相邻判断的中间值

针对准则层四项基本指标，通过专家打分法确定出权重（见表6-3），得出一致性比例为 0.0769。

表 6-3　一级指标权重确定

植物群落优化配置	净化功能	景观美学	生态服务	经济成本及风险	Wi
净化功能	1	9	4	6	0.6162
景观美学	1/9	1	1/8	1/5	0.0378
生态服务	1/4	8	1	2	0.2206
经济成本及风险	1/6	5	1/2	1	0.1254

依次针对净化功能、景观美学、生态服务和经济成本及风险进行专家打分，确定出二级指标权重，如表6-4、表6-5、表6-6和表6-7所示，所得一致性比例分别为 00530、0.0637、0.0952 和 0.0937。

表 6-4　净化功能各二级指标权重

净化功能	去除率					Wi
	化学需氧量	悬浮物	总氮	总磷	氨氮	
化学需氧量去除率	1	3	5	7	9	0.5128
悬浮物去除率	1/3	1	3	5	7	0.2615
总氮去除率	1/5	1/3	1	3	5	0.129
总磷去除率	1/7	1/5	1/3	1	3	0.0634
氨氮去除率	1/9	1/7	1/5	1/3	1	0.033

表 6-5　景观美学各二级指标权重

景观美学	空间层次丰富度	景观协调性	群落季相变化丰富度	颜色变化丰富度	观赏多样性	Wi
空间层次丰富度	1	5	6	8	8	0.5791
与周围硬质景观的协调性	1/5	1	4	5	5	0.2283
群落季相变化丰富度	1/6	1/4	1	3	3	0.1004
颜色变化丰富度	1/8	1/5	1/3	1	1	0.0461
观赏多样性	1/8	1/5	1/3	1	1	0.0461

表 6-6　生态服务各二级指标权重

生态服务	生物多样性	物种丰富度	为动物提供食物或栖息地	捕食害虫	为人类提供产品	Wi
生物多样性	1	1/3	4	9	8	0.2991
物种丰富度	3	1	7	7	8	0.5106
为动物提供食物或栖息地	1/4	1/7	1	3	5	0.1052
捕食害虫	1/9	1/7	1/3	1	3	0.0533
为人类提供产品	1/8	1/8	1/5	1/3	1	0.0316

表 6-7　经济成本及风险各二级指标权重

经济成本及风险	本地物种比例	抗病虫害能力	种质资源获得性	造成人体毒害风险	生长照护成本	Wi
本地物种比例	1	4	7	1/4	7	0.271
抗病虫害能力	1/4	1	4	1/6	4	0.114
种质资源获得性	1/7	1/4	1	1/6	1	0.0447
造成人体毒害风险	4	6	6	1	7	0.5279
生长照护成本	1/7	1/4	1	1/7	1	0.0424

所有二级指标权重如表 6-8 所示。

表 6-8　二级指标权重值

指标	权重值	指标	权重值
化学需氧量去除率	0.3160	氨氮去除率	0.0205
悬浮物去除率	0.1611	抗病虫害能力	0.0143
物种丰富度	0.1127	捕食害虫	0.0118
总氮去除率	0.0795	与周围硬质景观的协调性	0.0086
造成人体毒害风险	0.0662	为人类提供产品	0.0070
生物多样性	0.0660	种质资源获得性	0.0056
总磷去除率	0.0391	生长照护成本	0.0053
本地物种比例	0.0340	群落季相变化丰富度	0.0038
为动物提供食物或栖息地	0.0232	观赏多样性	0.0017
空间层次丰富度	0.0219	颜色变化丰富度	0.0017

二级指标值 $X(Ai)$ 是评价体系的基础，每个指标参数的实测值 Ai 量纲不一样，为此采用极差法来进行标准化。根据某指标在整个植物群落中的表现来确定其标准化的方法。其中，随着群落质量的降低，指标值增大的标准化方法为式（6-5），比如随着群落质量的降低，指标值减小的标准化方法为式（6-6）：

$$X(Ai) = (Ai\max - Ai)/(Ai\max - Ai\min) \qquad (6-5)$$

$$X(Ai) = (Ai - Ai\min)/(Ai\max - Ai\min) \qquad (6-6)$$

式中，$i=1$，2，$\cdots$，20，Ai 表示评价指标体系中各二级指标因子的实测值，$Ai\max$ 和 $Ai\min$ 分别表示第 i 项评价指标因子在所有群落评价中的最大值和最小值，且 $0 \leqslant X(Ai) \leqslant 1$。

参数的最大值和最小值的确定，既可以依据现行国际/国家标准、权威文献资料，也可以通过文献记录或专家咨询，或对现存最优植物配置的实地调查，建立参照生态系统的植物配置，确定该最优配置的各项指标的阈值。

6.5   小结

本章围绕植物生态系统与环境之间的作用关系，从环境决定结构、结构决定功能的基本观点出发，建立了水生植物群落优化，并搭建出水生植物优化配置在线系统。该方法以河湖水生态修复工程拟实现的服务功能为主要目标，立足于工程所在地的环境特征，构建了水生植物群落优化配置模型，并通过遗传算法优化计算确定出水生植物系统的物种组成和数量。同时，参照本地环境自然植物群落结构确定出优势种和伴生种，以群落中物种间数量关系为依据搭配组件水生植物群落。为了更加全面地对比水生植物系统的功能和成本及风险，本研究针对水生植物群落系统的主要服务功能构建评价指标体系，并依据层次分析法确定出权重，从而有效补充植物优化配置模型。

7 水生态植物强化净化系统构建

7.1 研究内容

本研究基于植物个体、群体及环境要素之间的关系，耦合水生植物、多孔介质及驯化微生物的水质净化功能，构建水生态植物强化净化系统，分析其水生态参数调控能力及生态环境效应；构建水生态植物强化净化系统和传统生物净化系统室内模型和中试模型，对比分析其在自然水环境中的污染物净化效果，及其对微生物群落生长状态的影响。

7.2 材料与方法

7.2.1 试验材料

7.2.1.1 供试植物

鉴于本试验的主要功能需求为水质净化，试验开始前按照水生植物优化配置模型，对水生植物品种进行筛选。以化学需氧量净化能力较强的再力花、水葱等作为供试物种，根据单株植物试验结果，选择针对各种水质指标处理最佳的植物类型搭配形成植物组合（见表 7-1）。同时，为了分别模拟南方和北方地区水生植物系统的生长情况，挺水植物组合 1 选择菖蒲、水葱和千屈菜，挺水植物组合 2 选择再力花、芦竹和美人蕉；浮水植物组合为凤眼莲、大藻和睡莲；沉水植物组合为金鱼藻、苦草和黑藻。

表 7-1 供试植物种类

植物名称	科属	生长类型	适宜温度（℃）
菖蒲	禾本科	除森林生境不生长外，各种有水源空旷地带，易形成连片的芦苇群落	15 ~ 30
水葱	莎草科	喜肥沃、松软淤泥，耐低温，北方大部分地区可露地越冬	15 ~ 30
千屈菜	千屈菜科	多年生草本植物，根茎粗壮，多分枝	20 ~ 28
再力花	竹芋科	属多年生挺水草本植物，好温暖水湿、阳光充足的气候环境，不耐寒，入冬后地上部分逐渐枯死，以根茎在泥中越冬	20 ~ 30
芦竹	禾本科	属多年生草本植物，喜光、喜温、耐水湿，不耐干旱和强光	18 ~ 35
美人蕉	美人蕉科	喜温暖湿润气候，不耐霜冻，喜阳光充足、土地肥沃，适应性强，不择土壤，以湿润肥沃的疏松沙壤土为好，耐水湿，畏强风	25 ~ 30
凤眼莲	雨久花科	喜欢温暖湿润、阳光充足的环境，适应性很强。具有耐寒性，喜欢生于浅水中，随水漂流，繁殖迅速	18 ~ 23
大藻	天南星科	喜欢高温多雨，适宜于在平静淡水池塘、沟渠生长	>10
黑藻	水鳖科	喜光照充足，喜温暖，耐寒冷，对水深、水质、底质等适应性很强	15 ~ 30
金鱼藻	金鱼藻科	稻田分布较多，静水池塘、湖泊、沟渠中亦有分布	15 ~ 25
苦草	水鳖科	生于溪沟、河流、池塘、湖泊之中，对水深、水质、底质等适应性较强	20 ~ 28

7.2.1.2 供试污水

试验用水采用辉山明渠湿地处理中心储水池中的蓄水，供水初期为植物驯化期，进水污染物浓度较低。待植物基本存活进入正常生长期，调整试验模型进水浓度至任务要求范围，即化学需氧量（COD）浓度处于 45~80mg/L 之间（见表 7-2）。

表 7-2 供试污水基本性质

项目	采样编号	COD（mg/L）	NH_4^+-N（mg/L）	TN（mg/L）	TP（mg/L）
水生植物驯化期	620	45	0.436	1.35	0.25
	634	24	0.428	1.29	0.23
	706	23	0.327	1.17	0.21
	718	24	0.392	1.21	0.1
	平均值	29.0	0.40	1.26	0.20
水生植物生长期	727	63	1.54	4.51	0.22
	738	43	1.27	2.31	0.26
	749	50	1.58	2.82	0.33
	812	46	1.31	2.44	0.28
	816	48	0.455	1.27	0.2
	834	36	3.13	5.92	0.18
	846	46	3.21	6.21	0.17
	911	44	0.898	1.53	0.17
	929	45	0.826	1.48	0.17
	平均值	46.8	1.58	3.17	0.22

7.2.2 试验设计

水生植物强化净化系统试验从 2019 年 6 月开始至 9 月结束，分为小试验和中试试验两部分。

7.2.2.1 小试试验

水生植物组合的小试试验在 45L（44.5cm×33cm×30cm）塑料培养箱中完成，每个培养箱中放入 10kg 直径 10~30mm 的火山岩，将 6 种组合分别放入污水环境中（见表 7-3），通水后测定各试验组的净化效果（如图 7-1 所示）。试验开始后，每周从小试试验模型中采集水样后，补充辉山明渠污水处理厂原水。

图 7-1　小试试验模型

表 7-3　小试试验设计

序号	组合类型	供试组合	
1	挺水植物组合 1+ 土壤	菖蒲、水葱、千屈菜	土壤
2	浮水植物组合 + 沉水植物组合 + 填料	凤眼莲、大藻和睡莲 金鱼藻、苦草和黑藻	火山岩
3	挺水植物组合 2+ 填料	再力花、芦竹和美人蕉	火山岩
4	浮水植物组合 + 人工水草 + 填料	凤眼莲、大藻和睡莲	火山岩
5	挺水植物组合 1+ 填料	菖蒲、水葱、千屈菜	火山岩
6	沉水植物组合 + 填料	金鱼藻、苦草和黑藻	火山岩

7.2.2.2 中试试验

为了便于开展试验，中试试验场地选择在沈阳市辉山明渠河口湿地污水处理中心场区内。根据《人工湿地污水处理工程技术规范》（HJ 2005–2010）中人工湿地水力负荷和表面有机负荷的要求，满足进水流量大于5m³/d、化学需氧量浓度为45~80mg/L的湿地单元面积应为3~12m²。为此，构建6个长4m、宽2.5m的湿地单元，池深1.5m。各湿地单元之间相互独立并铺设防渗膜，在湿地单元两端设置布水渠和收水渠，模拟河道实际场景并满足不同植物的种植要求（如图7-2所示）。

图7-2　湿地单元及进水计量泵

利用污水处理中心的进水池作为储水池，通过水泵提取辉山明渠上游来水作为试验用水。使用计量泵控制总进水量（30~110m³/d），至各湿地单元设置分水流量计。各单元设表层进水阀和深层进水阀门，出水设置表层（1.3m）、中层（0.7m）和深层（0.2m）出水阀门，用于灵活控制水位。针对任务要求的进出水质指标选择处理效果较好的植物品种搭配形成植物组合（见表7-4），同时考虑景观需求适当配置开花植物。

表7-4　中试试验安排

序号	组合类型	供试组合	
1	挺水植物组合1+土壤	菖蒲、水葱、千屈菜	土壤
2	浮水植物组合+沉水植物组合+填料	凤眼莲、大薸和睡莲 金鱼藻、苦草和黑藻	火山岩
3	挺水植物组合2+填料	再力花、芦竹和美人蕉	火山岩
4	浮水植物组合+人工水草+填料	凤眼莲、大薸和睡莲	火山岩

续表

序号	组合类型	供试组合	
5	挺水植物组合 1+ 填料	菖蒲、水葱、千屈菜	火山岩
6	沉水植物组合 + 填料	金鱼藻、苦草和黑藻	火山岩

设置 3 组潜流湿地（2 号、4 号、6 号）和植物塘系统（3 号、5 号、8 号），分别模拟河湖浅水区和深水区种植（如图 7-3 所示）。其中，潜流湿地填料层自下而上分别为 40cm 土层、25cm 火山岩（10~30mm）、20cm 火山岩（5~8mm）、5cm 粗砂和 10cm 种植土；2 号湿地为 90cm 土层、10cm 种植土；植物塘系统的下方填入 20cm 火山岩（10~30mm）。按照工程常规种植密度种植，挺水植物 9~25 株 /m²，浮水植物 25 株 /m²（睡莲 4 株 /m²），沉水植物 30 丛 /m²，每种植物种植面积为 1/3 个湿地单元（约 3.3m²）。为了防止浮水植物游离，浮水植物间用木方隔离。植物种植后，通水调试驯化植物，待植物生长正常后开始监测水质。

图 7-3　中试试验模型

7.2.3　试验方法

7.2.3.1　样品测定方法

水质检测由具有 CMA 认证资质的第三方检测机构完成，其中 COD 用重铬酸钾法检测，NH_3-N 用纳氏试剂比色法检测，TN 用碱性过硫酸钾消解紫外分光光度法检测，TP 用钼酸铵分光光度法检测。

7.2.3.2　植物生长及微生物指标

植物株高、根长、叶宽采用直尺进行测量；生物量使用天平秤测定；根系微生物群落结构采样后冷冻保存运送至第三方机构，通过高通量测序来测定。

7.3　结果与分析

试验初期，为了使水生植物能够尽快适应环境，模型进水浓度相对较低。同时，由于试验用水取自辉山明渠上游来水，试验初期的进水水质受周边环境及降雨的明显影响。7 月初，上游来水的化学需氧量浓度显著下降，平均浓度仅为 29mg/L；氮、磷浓度也稍有下降。7 月中下旬，通过拉运污水处理厂原水进行补充，基本使试验进水的化学需氧量浓度稳定在 45mg/L 左右。氨氮和总氮浓度经历两次波动，7 月下旬氨氮浓度上升至 1.58mg/L，后于 8 月初下降至初始浓度附近，总氮浓度相应上升至 2.82mg/L。8 月中旬，氨氮和总氮浓度再次回升至 3.21mg/L 和 6.21mg/L，之后回落至 0.85mg/L 和 1.50mg/L 附近。初始总磷浓度为 0.23mg/L，在 7 月上旬下降至 0.1mg/L，后于 8 月下旬上升至 0.33mg/L，之后回落至 0.17mg/L。

7.3.1　小试模型对污染物的净化效能

从小试试验结果来看，植物对化学需氧量的去处效果明显受到进水浓度的影响，污水浓度随着补水浓度的升高而升高。湿地组 5 号装置中的菖蒲、水葱、千屈菜组合净化效率较高，驯化期内污水的化学需氧量平均浓度保持在 35mg/L 左右；进入生长期后，平均浓度上升至 53.67mg/L。湿地组 3 号装置中的再力花、芦竹和美人蕉在驯化期的去除率稍低，出水浓度为 37.25mg/L，而生长期污水平均浓度为 51.22mg/L；这是由于南方植物在北方地区低温环境下发育缓慢的原因所致，后期气温上升后，南方植物的生物量增长速度较高，净化效果明显提升。湿地 1 号装置中的植物与 5 号装置一致，但没有火山岩基质的共同作用，去除效果整体较低。

塘系统组中 6 号装置的金鱼藻、苦草和黑藻对化学需氧量的去除能力较强，驯化期和生长期的污水平均浓度为 26.25mg/L 和 24mg/L（如图 7-4 所示）。2 号浮水植物与沉水植物组合整体去除能力较 4 号浮水植物与人工水草组合稍高，这是由于沉水植物不仅能够充当微生物，发挥附着载体作用，还能在生长过程中不断吸收水体中的营养物质。试验中使用的装置为透明培养箱，下层沉水植物的光照未受到上层挺水植物遮挡的影响，沉水植物能够较好地发挥净化作用。

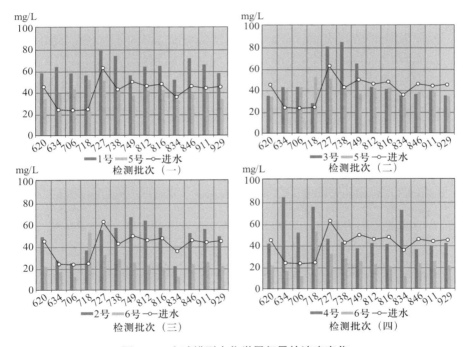

图 7-4　小试模型中化学需氧量的浓度变化

水生植物系统对总磷的去除效果总体较好，塘系统中 2 号组合与 6 号组合的处理能力基本相当，驯化期平均出水浓度达到 0.08mg/L；生长期内，两个组合的处理能力仍保持较高水平，污水平均浓度为 0.126mg/L 和 0.183mg/L。驯化期内，湿地组各组合和塘系统的 4 号组合处理效果较差，污水出水浓度分别为 0.44mg/L、0.32mg/L、0.36mg/L 和 0.40mg/L。生长期内，湿地组 1 号组合、3 号组合与塘系统的 4 号组合对总磷的去除能力基本相当，湿地组 5 号组合对总磷的整体处理效果稍差（如图 7-5 所示）。

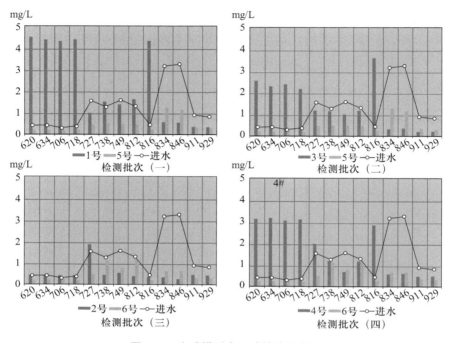

图 7-5　小试模型中总磷的浓度变化

湿地组中 5 号组合对氨氮的净化能力较强，污水在驯化期和生长期中氨氮的平均浓度分别为 0.23mg/L 和 0.58mg/L；3 号组合次之，1 号组合最弱（如图 7-6 所示）。这说明，挺水植物与火山岩填料组合的去除率要高于单一植物组合。塘系统中 6 号组合在驯化期净化能力较 2 号组合要好，但是在生长期内 2 号组合的净化能力超出 6 号组合和 4 号组合，这进一步印证了高污水浓度对沉水植物的净化效果的影响。在污水浓度升高后，塘系统 2 号组合因为有浮水植物净化能力的叠加，净化能力得以保持；而 6 号组合受到一定影响。尽管如此，沉水植物组合的净化能力仍高于浮水植物加人工水草组合。

驯化期内，塘系统中 6 号组合对总氮的去除能力最强，污水平均浓度为 0.65mg/L；2 号组合居其次，污水平均浓度为 1.25mg/L。而湿地组中 5 号组合对总氮的去处效果较强，平均浓度为 0.69mg/L；而 3 号组合相对较弱，平

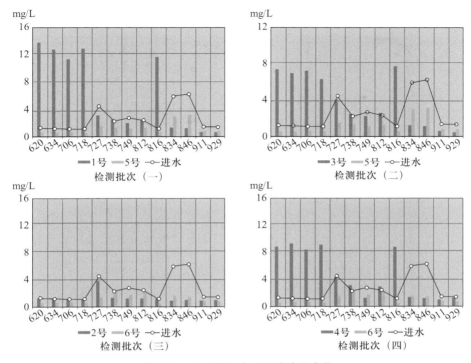

图 7-6　小试模型中总氮的浓度变化

均浓度为 6.92mg/L。塘系统中 4 号组合和湿地组中的 1 号组合对总氮的去除效率最低，平均浓度分别为 8.74mg/L 和 12.53mg/L。生长期内湿地组中 5 号组合的去除能力最强，污水中总氮的平均浓度为 1.41mg/L；塘系统 6 号组合居其次，平均浓度为 1.43mg/L。湿地组中 3 号组合仍较 1 号组合的去除能力强，污水平均浓度为 2.59mg/L。塘系统中 2 号组合对总氮的去处效果较 4 号组合要强，污水平均浓度为 1.61mg/L。

7.3.2　中试模型对污染物的净化效能

从中试各湿地单元的出水水质来看，2 号湿地的化学需氧量去除能力非常低，平均去除率仅为 12.1%；并且经常出现出水污染物浓度高于进水的情况。这是由于 2 号湿地回填了接近 1m 厚度的土壤，土壤中含有的有机污染物溶出并释放到湿地中，导致出水化学需氧量浓度升高。4 号湿地的化学需氧量平均去除率为 55.3%，出水浓度保持在 21mg/L 左右。6 号湿地的化学需氧量平均去除率为70.5%，出水平均浓度为13.8mg/L。4号和6号湿地6月下旬出水浓度超过进水浓度，分别达到33mg/L和25mg/L（如图7-7所示）。这是因为挺水植物移栽后，部分根系受损而输水能力不足，导致部分茎叶枯萎腐败。

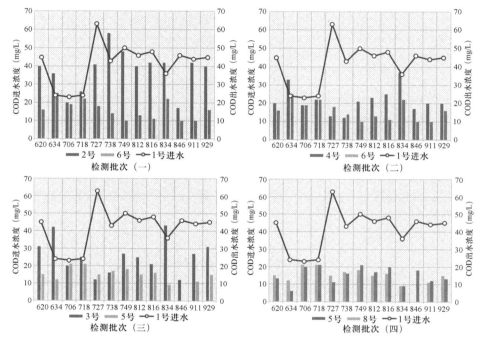

图7-7　中试湿地单元对化学需氧量的去除效果

与8号湿地相比，3号湿地增加了浮水植物组合；而5号湿地将3号湿地的沉水植物替换为人工水草。图7-7中的数据表明，当进水浓度维持在45mg/L左右时，3号湿地对化学需氧量的平均去除率为49.2%，5号湿地为69.0%，而8号湿地为67.5%。当进水的浓度低于30mg/L时，该类湿地的化学需氧量去除率均降至50%以下。同时还可发现，9月开始，3号湿地去除率呈下降趋势，而5号和8号湿地保持相对稳定。因此，该湿地类型的去除效果与进水的有机污染物浓度有关；进水浓度太低，污染物去除效果反而不佳。不仅如此，沉水植物与浮水植物组合种植的去污效果反而不如沉水植物本身。这是由于随着植物的生长，浮水植物组合大面积覆盖水面，导致阳光不能直射进入下层水体，沉水植物因缺少阳光不能进行光合作用而生长受阻。人工水草与浮水植物组合的效果能够达到沉水植物单独种植的水平，可以弥补因浮水植物和沉水植物之间的竞争所带来的缺陷。

当进水的氨氮浓度保持在0.5~1.5mg/L之间时，种植挺水植物组合的2号、4号和6号潜流湿地对氨氮的去除效率分别为68.9%、55.1%和72.5%（如图7-8所示）。植物塘系统中的3号湿地对氨氮的去除率基本与潜流湿地持平，但5号和8号湿地的去除率明显低于潜流湿地，仅为41.6和25.9%。当氨氮浓度达到2.0mg/L以上时，潜流湿地对氨氮的去除率均大幅下降。4号湿地下降幅度较小，去除率保持在52.2%；而2号和6号湿地的氨氮去除率仅为50.3%和46.1%。除5号湿地外，氨氮浓度上升对植物塘系统的影响不明显，3号和8号湿地的氨氮去除率分别为74.9%和70.1%。

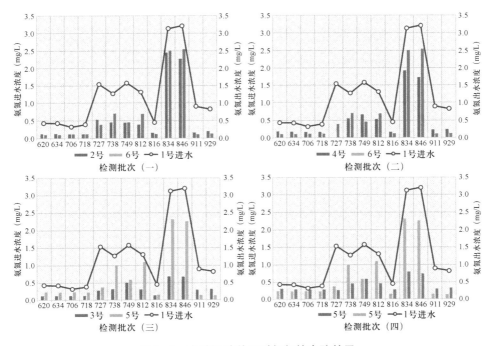

图7-8　中试湿地单元对氨氮的去除效果

挺水植物的根系发达，具备向下层填料输送氧气的能力，根区良好的氧环境使得潜流湿地对氨氮的去除效果较好。7—8月阳光充足，植物塘系统中伴生出大量水绵，这些水绵与沉水植物中的金鱼藻一起释放出大量氧气泡，使得水中的溶解氧含量升高，8号湿地表层水体的溶解氧浓度甚至达到20mg/L以上。溶解氧升高使得硝化细菌大量繁殖，故氨氮浓度下降明显。然而，由于根系向下输送氧气，所以潜流湿地可以削减一定浓度的氨氮。但由于氧气在潜流湿地基质中的传输速率不如在自然水体，因而在应对相对较高浓度的来水时水中的溶解氧补充不足，去除能力仍保持在低浓度状态，去除效果明显下降。此外，5号湿地中的人工水草不具有上述沉水植物释放氧气的功能，因而对氨氮的去除效果也明显受到影响。

湿地系统对总氮的去除情况变化基本与氨氮一致，同样受到进水浓度的影响（如图7-9所示）。当进水的总氮浓度保持在1.0~4.5mg/L时，潜流湿地中的2号、4号和6号湿地对总氮的去除率分别为70.7%、58.2%和73.3%。3号湿地对总氮的去除率为69.3%，5号和8号湿地的去除率明显低于潜流湿地，仅为43.8%和31.3%。当总氮浓度增加到5.0mg/L以上，潜流湿地对总氮的去除率下降幅度同样明显。4号湿地下降幅度相对较小，去除率保持在52.7%；而2号和6号湿地的总氮去除率仅为41.5%和45.0%。这是由于前面所述的硝化过程未完成，导致后续的反硝化过程无法进行。5号湿地对总氮的去除率为41.3%，而3号和8号湿地的总氮去除率分别达到71.9%和59.2%。由此可见，在沉水植物组合系统中，能够在局部环境中实现同步硝化反硝化过程。

试验初期（6—7月），潜流湿地系统中2号湿地系统的出水水质表明，在土壤中种植水生植物对总磷的去除能力非常有限（如图7-10所示），平均总磷去除率仅16.5%。将部分土壤替换为火山岩后，去除率大幅提升至65.8%，这是由于火山岩等多孔介质不仅对磷等污染物具有吸附作用，而且多孔结构能够为微生物群落提供附着载体，水流能够与基质中微生物相对充分地接触。另外，将表层植物更换为再力花、芦竹和美人蕉后，去除率下降至50.6%。同一时间的沉水植物系统对总磷的去除率可达到62.0%，而增加

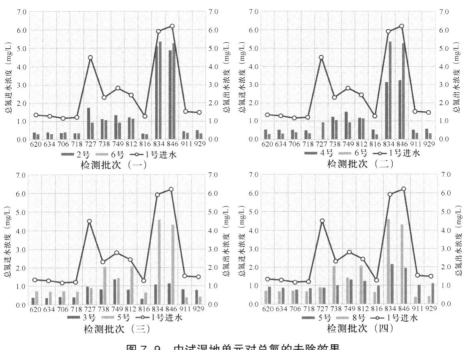

图 7-9　中试湿地单元对总氮的去除效果

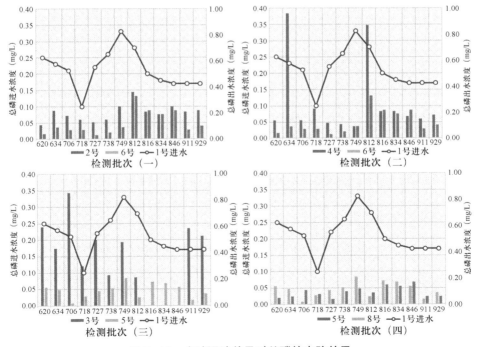

图 7-10　中试湿地单元对总磷的去除效果

浮水植物组合后下降至 55.7%；将沉水植物组合替换为人工水草后，去除率亦下降至 58.2%。这说明，沉水植物和火山岩吸附是去除水体中总磷的主要因素，3 号湿地中浮水植物对沉水植物的影响使得总磷去除效果下降；人工水草可以在一定程度上弥补沉水植物的缺失，但无法达到沉水植物系统的去除效果。还需要注意到，8 月湿地系统普遍出现出水的总磷浓度高于进水浓度的现象；5 号湿地中尽管总磷去除率下降，但并未出现上述现象。应该是湿地系统经过 6—7 月的运行后，前期火山岩等基质吸附的磷在 8 月进水浓度相对较低时再次释放；此外，植物生长后脱落的枯黄叶片进入水体也可能导致磷的增加。

由此可知：①使用火山岩填料的潜流湿地对可降解有机污染物的削减能力较强，保持进水化学需氧量浓度在 45~80mg/L 之间时，能够达到良好的净化效果。植物塘系统对化学需氧量的去除能力与潜流湿地基本持平，但浮水植物与沉水植物之间存在竞争关系，不应将浮水植物与没有水上叶的沉水植物大面积混种在一起。②挺水植物根系的输氧能力使得潜流湿地能够应对一定范围浓度的氨氮污染物冲击；受基质的传氧能力限制，潜流湿地应对高浓度氨氮的冲击能力较弱。夏季水绵、金鱼藻等沉水植物能够释放大量氧气，较好地改善水体氧环境，同时能够实现同步硝化反硝化过程。③潜流湿地和植物塘系统初期具有良好的去磷能力，植物和基质填料是植物塘系统中去除总磷的主要因素。经过一段时间的湿地系统，都会出现释磷现象，可以考虑铺设人工水草以弥补。

7.3.3　植物根系微生物群落结构变化

对水生植物根系微生物的初始状态和结束状态进行观测，分两个批次送样。其中，第一批次 19 个样品，原始下机 PE-Reads 数目在 31445~42773 之间，经过序列拼接、去除低质量和段长度、去除嵌合体后，最终得到用于数据分析的 Effective tags 数在 28651~37385 之间，Effective tags 的平均长度为 297。各样品 Effective tags 数据碱基质量大于 Q30% 的比例均超过 93.02%。第二批次 18 个样品，原始下机 PE-Reads 数目在 31174~41386 之间，经过序列拼接、去除低质量和段长度、去除嵌合体后，最终得到用于最终数据分析的 Effective tags 数在 39078~36999 之间，Effective tags 的平均长度为 278。各样品 Effective tags 数据碱基质量大于 Q30% 的比例均超过 93.05%。

细菌稀释性曲线是从样本中随机抽取一定数量的个体，统计这些个体所代表的物种数数目，并以个体数与物种数来构建曲线。它可以用来比较测序数量不同的样本中物种的丰度，也可以用来说明样本的测序数据量是否合理。由图 7-11 和图 7-12 可见，各植物所对应的稀释性曲线均随着抽取序列数的增加最终趋于稳定，说明抽取更多的序列并不能获得更多的 OUT，进而说明测序数量是合理的，测序深度足够代表整体样本。

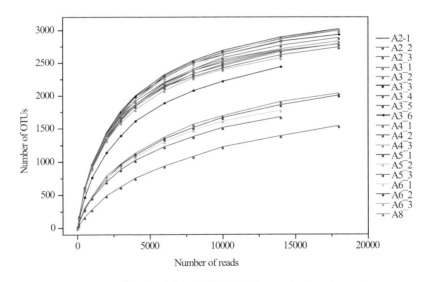

图 7-11　第一次测试细菌稀释曲线（Rarefaction Curve）

图 7-13 为第一次测序门水平上各个植物根系微生物的群落的组成结构，6 组植物组合包含微生物合计可分为 37 个门，其中 A2 组检测到 32 个门（A2_1 样品 28 个、A2_2 样品 32 个、A2_3 样品 30 个）；A3 组检测到 34 个门（A3_1 样品 30 个、A3_2 样品 27 个、A3_3 样品 29 个、A3_4 样品 29 个、A3_5 样品 30 个、A3_6 样品 30 个）；A4 组检测到 31 个门（A4_1 样品 31 个、A4_2 样品 28 个、A4_3 样品 24 个）；A5 组检测到 33 个门（A5_1

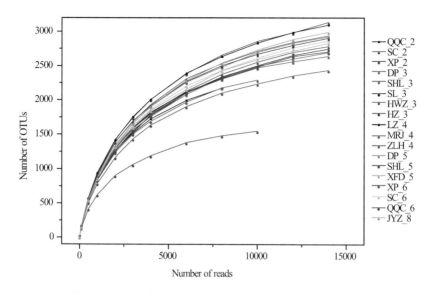

图 7-12　第二次测试细菌稀释曲线（Rarefaction Curve）

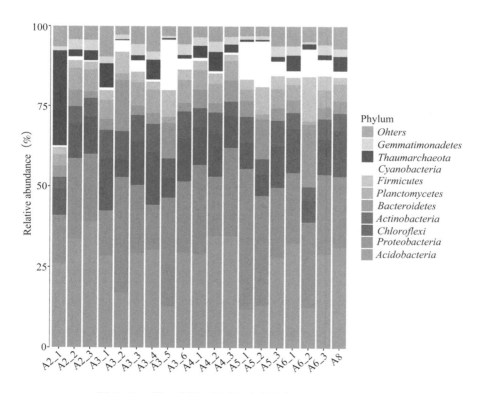

图 7-13　第一次测序门水平各植物根系群落组成柱状图

样品28个、A5_2样品27个、A5_3样品31个）；A6组检测到34个门
（A6_1样品33个、A6_2样品29个、A6_3样品29个）；A8组检测到31个
门。相对丰度占比排前十位的主要为酸杆菌门（*Acidobacteria*）、变形菌门
（*Proteobacteria*）、绿弯菌门（*Chloroflexi*）、放线菌门（*Actinobacteria*）、拟杆
菌门（*Bacteroidetes*）、浮霉菌门（*Planctomycetes*）、厚壁菌门（*Firmicutes*）、
蓝菌门（*Cyanobacteria*）、奇古菌门（*Thaumarchaeota*）、芽单胞菌门
（*Gemmatimonadetes*）。

第二次测序门水平上各实验组微生物群落的组成结构如图7-14所
示，6组植物组合包含微生物合计可分为41个门，其中A2组检测到34个
门（QQC样品30个、SC样品25个、XP样品25个）；A3组检测到39个
门（DP样品33个、SHL样品32个、SL样品35个、HWZ样品37个、HZ
样品31个）；A4组检测到36个门（LZ样品34个、MRJ样品31个、ZLH

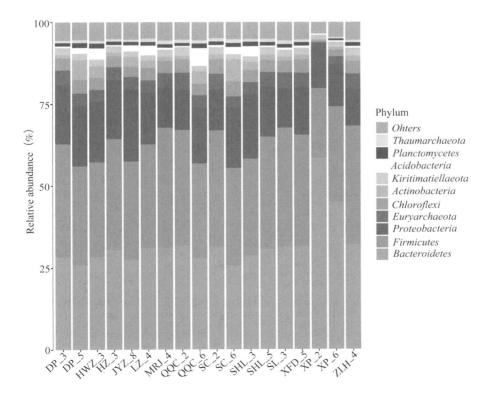

图 7-14　第二次测序门水平群落组成柱状图

样品31个）；A5组检测到37个门（DP样品35个、PD样品35个、SHL样品33个）；A6组检测到37个门（XP样品30个、SC样品33个、QQC样品32个）；A8组检测到35个门。相对丰度占比排前十位的为拟杆菌门（*Bacteroidetes*）、厚壁菌门（*Firmicutes*）、变形菌门（*Proteobacteria*）、广古菌门（*Euryarchaeota*）、绿弯菌门（*Chloroflexi*）、放线菌门（*Actinobacteria*）、*Kiritimatiellaeota*、酸杆菌门（*Acidobacteria*）、浮霉菌门（*Planctomycetes*）、奇古菌门（*Thaumarchaeota*）。与实验初期相比，微生物群落结构产生一定变化。总体上，酸杆菌门、变形菌门、绿弯菌门、蓝菌门、奇古菌门、芽单胞菌门相对丰度降低，而放线菌门、拟杆菌门、浮霉菌门、厚壁菌门相对丰度提高。Kiritimatiellaeota 为新出现的菌群。

6个实验组相对丰度占比排前十位的微生物及其占比如表7–5和表7–6所示，酸杆菌门、变形菌门和绿弯菌门相对丰度和至少达到59.4%。其中，A2实验组中的泉古菌门（*Crenarchaeota*）、食氢菌门（*Hydrogenedentes*）、GAL15、WS4等门类逐渐被演替掉，在实验结束时已经检测不到。而绿弯菌门、脱铁杆菌门（*Deferribacteres*）、*Epsilonbacteraeota*、黏胶球形菌门（*Lentisphaerae*）等微生物则是新出现在此组合的微生物门类。酸杆菌门的相对丰度由最初的32.9%下降至0.5%；变形菌门的相对丰度由20.4%下降至12.7%；绿弯菌门的相对丰度由10.1%下降至3.0%，而拟杆菌门的相对丰度由3.6%上升至40.6%；厚壁菌门的相对丰度由2.5%上升至30.6%。A4实验组中的WS4等门类逐渐被演替掉，在实验结束时已经检测不到。而*Kiritimatiellaeota*、螺旋体门（*Spirochaetes*）、黏胶球形菌门等则是新出现在此组合的微生物门类。酸杆菌门的相对丰度由最初的32.8%下降至1.4%；变形菌门的相对丰度由24.5%下降至12.9%；绿弯菌门的相对丰度由11.5%下降至3.7%，而拟杆菌门的相对丰度由5.1%上升至31.5%；厚壁菌门的相对丰度由2.8%上升至34.6%；广古菌门的相对丰度由0.1%上升至4.4%。A6实验组中的泉古菌门、WS4等门类逐渐被演替掉，在实验结束时已经检测不到。而*Kiritimatiellaeota*、脱铁杆菌门、螺旋体门等则是新出现在此组合的微生物门类。酸杆菌门的相对丰度由最初的24.7%下降至2.7%；变形菌门的相对丰度由 24.4% 下降至 16.0%；绿弯菌门的相对丰度由 10.3% 下降至 3.3%，而拟杆菌门的相对丰度由 9.0% 上升至 32.9%；厚壁菌门的相对丰度由 6.9% 上升至 29.2%。

表 7-5　第一次测序门水平各植物组优势群落百分比

序号	名称		A2 (%)	A3 (%)	A4 (%)	A5 (%)	A6 (%)	A8 (%)
1	酸杆菌门	*Acidobacteria*	32.9	24.5	32.8	17.6	24.7	31.1
2	变形菌门	*Proteobacteria*	20.4	23.5	24.5	33.2	24.4	22.1
3	绿弯菌门	*Chloroflexi*	10.1	11.7	11.5	9.1	10.3	14.0
4	放线菌门	*Actinobacteria*	5.0	8.3	5.9	7.0	5.3	5.5
5	拟杆菌门	*Bacteroidetes*	3.6	6.6	5.1	7.1	9.0	3.9
6	浮霉菌门	*Planctomycetes*	5.7	5.3	6.1	3.7	3.7	5.3
7	奇古菌门	*Thaumarchaeota*	11.7	2.9	4.1	0.9	2.7	4.6
8	厚壁菌门	*Firmicutes*	2.5	4.6	2.8	5.3	6.9	2.1
9	蓝菌门	*Cyanobacteria*	0.7	4.7	0.8	10.3	5.3	2.0
10	芽单胞菌	*Gemmatimonadetes*	2.6	2.3	2.7	1.8	2.2	2.4

表 7-6　第二次测序门水平各植物组优势群落百分比

序号	名称		A2 (%)	A3 (%)	A4 (%)	A5 (%)	A6 (%)	A8 (%)
1	拟杆菌门	*Bacteroidetes*	40.6	29.5	31.5	29.4	32.9	27.5
2	厚壁菌门	*Firmicutes*	30.6	32.5	34.8	32.7	29.2	30.0
3	变形菌门	*Proteobacteria*	12.7	17.1	12.9	16.0	16.0	21.7
4	广古菌门	*Euryarchaeota*	3.5	4.1	4.4	4.3	3.3	4.0
5	绿弯菌门	*Chloroflexi*	3.0	3.5	3.7	3.9	3.3	3.1
6	放线菌门	*Actinobacteria*	1.0	1.9	1.7	3.0	3.7	3.0
7	—	*Kiritimatiellaeota*	2.1	2.1	2.2	2.2	1.7	1.8
8	酸杆菌门	*Acidobacteria*	0.5	1.6	1.4	1.0	2.7	1.8

续表

序号	名称		A2 （%）	A3 （%）	A4 （%）	A5 （%）	A6 （%）	A8 （%）
9	浮霉菌门	*Planctomycetes*	0.7	1.2	1.1	1.3	1.1	1.1
10	奇古菌门	*Thaumarchaeota*	0.8	0.9	1.0	0.9	0.9	0.7

A3 实验组中的阴沟单胞菌门（*Cloacimonetes*）、纳古菌（*Nanoarchaeaeota*）、WS1、WS4 等门类逐渐被演替掉，在实验结束时已经检测不到。而 Kiritimatiellaeota、绿弯菌门、螺旋体门等则是新出现在此组合的微生物门类。酸杆菌门的相对丰度由最初的 24.5% 下降至 1.6%；变形菌门的相对丰度由 23.5% 下降至 17.1%；绿弯菌门的相对丰度由 11.7% 下降至 3.5%，而拟杆菌门的相对丰度由 6.6% 上升至 29.5%；厚壁菌门的相对丰度由 4.6% 上升至 32.5%；广古菌门的相对丰度由 1.1% 上升至 4.1%。A5 实验组中的 WS4、泉古菌门等门类逐渐被演替掉，在实验结束时已经检测不到。而 *Epsilonbacteraeota*、互养菌门（*Synergistetes*）、异常球菌 – 栖热菌门（*Deinococcus–Thermus*）等则是新出现在此组合的微生物门类。变形菌门的相对丰度由 33.2% 下降至 16.0%；酸杆菌门的相对丰度由最初的 17.6% 下降至 1.0%；蓝菌门的相对丰度由 10.3% 下降至 0.2%；而厚壁菌门的相对丰度由 5.3% 上升至 32.7%；拟杆菌门的相对丰度由 7.1% 上升至 29.4%；广古菌门的相对丰度由 0.2% 上升至 4.3%。A8 实验组中的泉古菌门、纳古菌、WS4 等门类逐渐被演替掉，在实验结束时已经检测不到。而 *Kiritimatiellaeota*、*Epsilonbacteraeota*、黏胶球形菌门等则是新出现在此组合的微生物门类。酸杆菌门的相对丰度由最初的 31.1% 下降至 1.8%；变形菌门的相对丰度由 22.1% 变为 21.7%，实验前后变化不大；绿弯菌门的相对丰度由 14.0% 下降至 3.1%；而拟杆菌门的相对丰度由 3.9% 上升至 27.5%；厚壁菌门的相对丰度由 2.1% 上升至 30.0%。

图 7-15 为第一次测序纲水平上各个植物根系微生物群落的组成结构，6 组植物组合包含微生物合计可分为 94 个纲。其中，A2 组检测到 77 个纲；A3 组检测到 86 个纲；A4 组检测到 82 个纲；A5 组检测到 82 个

纲；A6组检测到86个纲；A8组检测到74个纲。相对丰度占比排前十位的为酸杆菌纲（*Acidobacteria*）、γ－变形菌纲（*Gammaproteobacteria*）、α－变形菌纲（*Alphaproteobacteria*）、拟杆菌纲（*Bacteroidia*）、δ－变形菌纲（*Deltaproteobacteria*）、纤线杆菌纲（*Ktedonobacteria*）、产氧光细菌纲（*Oxyphotobacteria*）、厌氧绳菌纲（*Anaerolineae*）、*Nitrososphaeria*、浮霉菌纲（*Planctomycetacia*）。

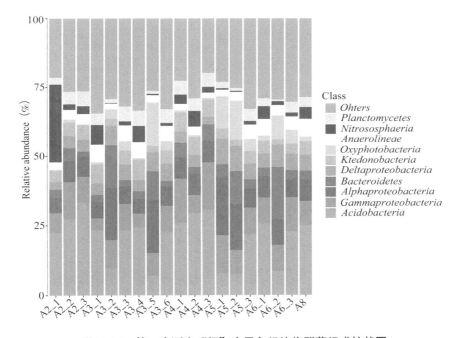

图7-15　第一次测序"纲"水平各组植物群落组成柱状图

与实验初期相比，第二次测序纲水平上六组植物组合包含微生物合计可分为93个纲（见图7-16），其中A2组检测到76个纲；A3组检测到87个纲；A4组检测到78个纲；A5组检测到86个纲；A6组检测到88个纲；A8组检测到72个纲。A2~A8几组植物组合中，原来的优势菌群酸杆菌纲（*Acidobacteria*）、γ－变形菌纲（*Gammaproteobacteria*）逐渐被拟杆菌纲（*Bacteroidia*）、梭杆菌纲（*Clostridia*）所替代。

在潜流湿地组中，A2组优势菌群酸杆菌纲（*Acidobacteriia*）的相对丰度由27.70%降低至0.07%；γ－变形菌纲（*Gammaproteobacteria*）的

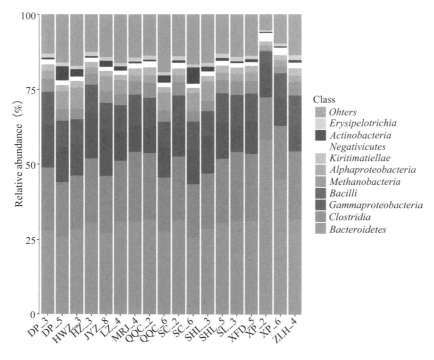

图 7-16   第一次测序纲水平各组植物群落组成柱状图

相对丰度由 9.90% 变为 9.93%，仍然保持较高的水平；α–变形菌纲
（*Alphaproteobacteria*）的相对丰度由 6.70% 变为 2.03%；*Nitrosos–phaeria*
的相对丰度由 11.00% 变为 0.76%，而拟杆菌纲（*Bacteroidia*）的相对丰度
则由最初的 3.30% 变为 40.47%，成为优势菌群；梭杆菌纲的相对丰度由
1.52% 变为 19.12%。A4 组优势菌群酸杆菌纲（*Acidobacteriia*）的相对丰度
由 28.60% 降低至 0.06%；γ–变形菌纲（*Gammaproteobacteria*）的相对丰
度由 7.70% 变为 12.21%，占比上升；α–变形菌纲（*Alphaproteobacteria*）
的相对丰度由 10.20% 变为 4.11%；而拟杆菌纲（*Bacteroidia*）的相对丰度
则由最初的 6.00% 变为 29.40%，成为优势菌群；梭杆菌纲的相对丰度由
1.87% 变为 20.22%。A6 组优势菌群酸杆菌纲（*Acidobacteriia*）的相对丰度
由 12.40% 降低至 0.20%；γ–变形菌纲（*Gammaproteobacteria*）的相对丰
度由 10.20% 变为 10.45%；α–变形菌纲（*Alphaproteobacteria*）的相对丰
度由 7.60% 变为 4.80%；而拟杆菌纲的相对丰度由 8.40% 变为 32.80%；梭

杆菌纲的相对丰度由 0% 变为 17.83%；芽孢杆菌（*Bacillus*）的相对丰度由 0.49% 增至 8.55%。

A3 组优势菌群酸杆菌纲（*Acidobacteriia*）的相对丰度由 18.40% 降低至 0.14%；γ-变形菌纲（*Gammaproteobacteria*）的相对丰度由 7.70% 变为 12.21%，占比上升；α-变形菌纲（*Alphaproteobacteria*）的相对丰度由 10.20% 变为 4.11%；而拟杆菌纲的相对丰度则由最初的 6.00% 变为 29.40%，成为优势菌群；梭杆菌纲的相对丰度由 1.87% 变为 20.22%。A5 组优势菌群酸杆菌纲（*Acidobacteriia*）的相对丰度由 12.40% 降低至 0.15%；γ-变形菌纲（*Gammaproteo-bacteria*）的相对丰度由 10.60% 变为 11.47%，占比有所上升；α-变形菌纲（*Alphaproteo-bacteria*）的相对丰度由 14.60% 变为 4.38%；产氧光细菌纲的相对丰度由 10.20% 变为 0.01%，而拟杆菌纲的相对丰度则由最初的 0% 变为 28.40%；梭杆菌纲的相对丰度由 0% 变为 19.95%，成为优势菌群；芽孢杆菌的相对丰度由 0.50% 增至 9.27%。A8 组优势菌群酸杆菌纲（*Acidobacteriia*）的相对丰度由 25.10% 降低至 0.14%；γ-变形菌纲（*Gammaproteobacteria*）的相对丰度由 8.60% 变为 15.69%，占比上升；α-变形菌纲（*Alphaproteobacteria*）的相对丰度由 7.60 变为 5.17%；而拟杆菌纲的相对丰度则由最初的 3.30% 变为 27.35%；梭杆菌纲的相对丰度由 0% 变为 18.80%；芽孢杆菌的相对丰度由 0.41% 增至 8.61%。

7.4 小结

本章从小试和中试尺度针对水生态植物强化系统展开试验，研究发现，沉水植物与挺水植物单一组合对不同的污染物都能够保持较高的处理能力，挺水植物与火山岩填料组合的净化效果要优于挺水植物与土壤组合。在光照条件不受影响的情况下，沉水植物具有很好的净化效果；但是在光照受到浮水植物遮挡及污水浓度相对较高的环境下，沉水植物的去除能力受到显著影响。在深水或透明度不佳等光照较弱的环境下，人工水草一定程度上能够替代沉水植物，但因其不具备光合作用能力，不能释放氧气和吸收营养物质。经过污水试验后，根系微生物中酸杆菌门、变形菌门等的相对丰度降低，而放线菌门、拟杆菌门等的相对丰度有所提高，同时出现了新的菌群 *Kiritimatiellaeota*。从纲水平来看，拟杆菌纲、梭杆菌纲等的相对丰度下降，酸杆菌纲、r 变形菌等的相对丰度上升。

8 结论与展望

8.1 结论

"十三五"期间，我国全面实施黑臭水体整治，大力开展外源污染控制和内源污染清理工作，取得了显著的成效。但是，如何在控源截污之后，进一步保持和提升水环境质量，形成健康安全的生态系统，仍然是困扰人们的核心问题。本书针对当前城市污水厂尾水排放标准与地表水环境质量标准之间的水质衔接问题，在充分调查水生植物资源的基础上，遵循环境—结构—功能之间的作用与反作用规律，形成了基于生境适宜性评估的水生植物优化配置方法，搭建了水生植物优化配置在线系统。依据该配置方法，完成了水生态植物强化净化系统的小试和中试试验，获得了如下结论。

第一，水生植物的空间分布在大尺度上主要受气象要素的地带性差异影响，而在较小尺度空间分布上主要受水位波动和水文节律等因素影响。本研究从水生植物必需的生长条件出发，根据环境条件和植物适应性间的匹配程度，建立起水生植物适宜性评估方法。对比我国南北地区环境要素的差异程度，收集国内生态修复工程常用的水生植物品种，建立起基于有效积温的水生植物地域性分区方法。

第二，在静态水力条件下，水生植物对污染物的处理能力总的趋势是污染物浓度越高，水生植物对污染物的总去除量越大。水生植物对污水中的 pH 和溶解氧有较强的调节作用，在根系微生物的共同作用下，污水中的 pH 和溶解氧均呈下降趋势。污染物去除量越大，水体溶解氧的下降幅度也越大。污水浓度对植物形态的影响差异较小，而对根系活力和根系酶活性的影响相对明显。南方地区的六种植物中，再力花对化学需氧量、氨氮、总氮和总磷的去除量最大，单株植物污染物去除量达到 24.01mg、4.54mg、9.62mg 和 0.49mg。北方地区的五种植物中，千屈菜对四种污染物的净化效果最好，其根系增长率、根系活力和过氧化氢酶活性均高于其他植物。在动态水力条件下，挺水植物对总氮和总磷的去除效果最佳，而沉水植物和浮水植物分别对氨氮和化学需氧量的去处效果最佳。沉水植物和浮水植物受污染浓度的影响比挺水植物更明显，而挺水植物在二级至三级标准的污水环境下仍能够保持较好的去除能力。

第三，依据自然原则、美学原则和社会经济技术原则，本研究从植物生长环境条件出发，依据系统构建的功能需求，构建了水生植物群落优化配置模型，优化计算出水生植物系统的物种组成和数量。参照本地环境中自然植物群落结构和物种间的数量关系，确定搭配组建水生植物群落。为了更加全面地评估水生植物系统，从水质净化功能、生态服务、景观美学和经济成本及风险四个方面构建评价指标体系，有效补充水生植物优化配置模型的系统性。

第四，从小试和中试尺度针对水生态植物强化系统展开试验，发现同类植物单一组合在适宜生境下对污染物的处理能力较强。水生植物与火山岩填料的共同作用有利于污染物的去除，而浮水植物与沉水植物的组合需要确保沉水植物的光照需求。在光照条件不受影响的情况下，沉水植物的净化能力要比人工水草强；但是在光照条件弱的情况下，人工水草能够发挥出更好的净化作用。污染物的逐步分解过程会改变根系微生物的群落结构，大量反硝化菌属的变形菌等减少，而在厌氧条件能够利用亚硝酸盐脱氮的拟杆菌会增加，在低溶解氧或低营养物质条件下放线菌（*Actinobacteria*）类细菌也会增加。

8.2　展望

在水生植物群落优化配置中，还需要大量收集水生植物的适应环境、形态特征及功能属性等，针对生境适宜性评估的水生植物筛选方法也需要上述属性作为支撑，而当前的大多研究仅针对部分水生植物展开研究和监测，需要补充完善更多的水生植物属性，从而拓展该方法的适用范围。另外，有关水生植物的景观布局仍更多地依靠设计师的主观判断，未来需要从景观生态学角度入手，引入更多景观格局依据，同时结合人工智能算法等，这样可以取得更加理想的效果。

［1］吴振斌.水生植物与水体生态修复［M］.北京：科学出版社，2011.

［2］杨忠臣.人工湿地植物根系泌氧和分泌物影响污染物去除的机制研究［D］.济南：山东大学，2016.

［3］简美锋.鄱阳湖湿地沉水植物的分布特征及其环境影响因子研究［D］.南昌：江西师范大学，2015.

［4］Scheffer M.Multiplicity of Stable States in Freshwater Systems［J］.Hydrobiologia，1990，200/201：475-486.

［5］郑翀，王洪艳.不同类型水生植物在人工湿地中的净化效果研究进展［J］.广东化工，2009（7）：121-123.

［6］马安娜.北京地区人工湿地优势植物筛选及净化效果研究［D］.北京：首都师范大学，2007.

［7］张光锦.北运河生态健康评价及修复方法研究［D］.天津：天津大学，2009.

［8］任照阳.三峡库区支流富营养化挺水植物修复技术研究［D］.重庆：重庆大学，2007.

［9］赵旭光.挺水植物对富营养化湖泊水体中氮磷循环的影响［D］.天津：天津大学，2012.

［10］Ennabili A，Ater Radoux M.Biomass Production and NPK Retention in Macrophytes from Wetlands of the Tingitan Peninsula［J］.Aquatic Botany，1998，62（1）：45-56.

［11］Tanner C C.Plants for Constructed Wetland Treatment Systems-A

Comparison of the Growth and Nutrient Uptake of Eight Emergent Species［J］. Ecological Engineering, 1996, 7（1）: 59 – 83.

［12］Greenway M. Nutrient Content of Wetland Plants in Constructed Wetlands Receiving Municipal Effluent in Tropical Australia［J］. Water Science & Technology, 1997, 35（5）: 135 – 142.

［13］刘建伟, 周晓, 吕臣, 等. 三种挺水植物对富营养化景观水体的净化效果［J］. 湿地科学, 2015（1）: 7-12.

［14］黄鹏, 张丹丹, 秦松岩. 挺水植物浮床对再生水补水景观水体的修复［J］. 环境科学与技术, 2015（12Q）: 140-144.

［15］李静文. 三种乡土挺水植物水质净化能力及其在生物浮岛上的应用［D］. 上海: 华东师范大学, 2010.

［16］刘利华, 郭雪艳, 达良俊, 等. 不同富营养化水平对挺水植物生长及氮磷吸收能力的影响［J］. 华东师范大学学报（自然科学版）, 2012（6）: 39-45+72.

［17］张倩. 太湖挺水植物群落对水体净化能力研究［D］. 南京: 南京林业大学, 2011.

［18］仇涛, 许培欢, 朱高飞, 等. 三种挺水植物及其组合净化微污染水体的研究［J］. 环境科学与管理, 2015（9）: 94-97.

［19］张熙灵. 挺水植物对乌梁素海湖泊富营养化的净化及吸收动力学实验研究［D］. 呼和浩特: 内蒙古大学, 2013.

［20］唐艺璇, 郑洁敏, 楼莉萍, 等. 3种挺水植物吸收水体 NH_4^+、NO_3^-、$H_2PO_4^-$ 的动力学特征比较［J］. 中国生态农业学报, 2011（3）: 614-618.

［21］赖闻玲, 胡菊芳, 陈章和. 四种挺水植物生理生态特性和污水净化效果研究［J］. 热带亚热带植物学报, 2010（4）: 421-427.

［22］Sooknah R D, Wilkie A C. Nutrient Removal by Floating Aquatic Macrophytes Cultured in Anaerobically Digested Flushed Dairy Manure Wastewater［J］. Ecological Engineering, 2004, 22（1）: 27-42.

［23］李磊, 刘明, 李燕丽, 等. 浮水植物处理对猪场污水中可溶性有机

物组成的影响［J］.环境化学，2016（5）：865-874.

［24］李军，张玉龙，黄毅.凤眼莲净化北方地区屠宰废水的初步研究［J］.沈阳农业大学学报，2003（2）：103-105.

［25］刘建武，林逢凯，王郁.水生植物净化萘污水能力研究［J］.上海环境科学，2002（7）：412-415.

［26］汪怀建，丁雪杉，谭文津，等.浮水植物对富营养水体的作用研究［J］.安徽农业科学，2008（24）：10654-10656.

［27］张燕燕，刘加刚，郑少奎，等.低温下浮水植物型表面流人工湿地中有机氮的去除［J］.环境科学研究，2006（4）：47-50.

［28］王小娟，陈年来，褚润.进水浓度和水力停留时间对浮水植物净化效果的影响［J］.环境监测管理与技术，2016（5）：29-33.

［29］童昌华，杨肖娥，濮培民.富营养化水体的水生植物净化试验研究［J］.应用生态学报，2004（8）：1447-1450.

［30］姚瑶，黄立章，陈少毅，等.不同沉水植物对水体氮磷的净化效果［J］.浙江农业科学，2011（4）：789-792.

［31］乔建荣，任久长，陈艳卿，等.常见沉水植物对草海水体总磷去除速率的研究［J］.北京大学学报：自然科学版，1996（6）：785-789.

［32］宋福，陈艳卿，乔建荣.常见沉水植物对草海水体（含底泥）总氮去除速率的研究［J］.环境科学研究，1997（4）：47-50.

［33］刘玲玲.三种沉水植物无机碳利用机制研究［D］.武汉：华中师范大学，2011.

［34］胡啸，蔡辉，陈刚，等.3种类型水生植物及其组合对污染水体中铬、氮和磷的净化效果研究［J］.水处理技术，2012（4）：45-48+54.

［35］李欢，吴蔚，罗芳丽，等.4种挺水植物、4种沉水植物及其组合群落去除模拟富营养化水体中总氮和总磷的作用比较［J］.湿地科学，2016（2）：163-172.

［36］罗虹.沉水植物、挺水植物、滤食性动物对富营养化淡水生态系统的修复效果研究［D］.上海：华东师范大学，2009.

［37］庄景，谢悦波，宗绪成，等．单一直接投加微生物修复技术在河流治理中的应用［J］．水资源保护，2011（2）：63-66.

［38］魏瑞霞，武会强，张锦瑞，等．植物浮床—微生物对污染水体的修复作用［J］．生态环境学报，2009（1）：68-74.

［39］许国晶，杜兴华，王春生，等．有效微生物菌群与大藻联合净化养殖水体的效果［J］．江苏农业学报，2014（4）：764-771.

［40］常会庆．水生植物和微生物联合修复富营养化水体试验效果及机理研究［D］．杭州：浙江大学，2006.

［41］Li H L，Boufadel M C.Long-Term Persistence of Oil from the Exxon Valdez Spill in Two-Layer Beaches［J］．Nature Geoscience，2010，3（2）：96-99.

［42］Li H，Zhao，H P，Hao H L，et al.Enhancement of Nutrient Removal from Eutrophic Water by a Plant Microorganisms Combined System［J］．Environmental Engineering Science，2011，28（8）：543-554.

［43］程伟，程丹，李强．水生植物在水污染治理中的净化机理及其应用［J］．工业安全与环保，2005（1）：6-9.

［44］胡绵好，袁菊红，常会庆，等．凤眼莲—固定化氮循环细菌联合作用对富营养化水体原位修复的研究［J］．环境工程学报，2009（12）：75-81.

［45］袁冬海，席北斗，王京刚，等．固定化微生物—水生生物强化系统在前置库示范工程中的应用［J］．环境科学研究，2006（5）：45-48.

［46］Sczepanska W.Allelopathy among the Aquatic Plants［J］.Pol Arch Hydrobiol，1971，18（1）：17-30.

［47］张甲耀，林清华．不同植物构成的潜流型人工湿地处理系统的净化能力及其异养细菌数量的研究［J］．环境工程，1998（3）：17-20.

［48］陈源高，陈开宁，戴全裕，等.5种水培蔬菜对金属元素富集水平研究［J］．生态与农村环境学报，2006（1）：70-74.

［49］宋祥甫，邹国燕，吴伟明，等．浮床水稻对富营养化水体中氮、磷的去除效果及规律研究［J］．环境科学学报，1998（5）：489-494.

［50］孔红梅，赵景柱，姬兰柱，等．生态系统健康评价方法初探［J］．

应用生态学报，2002（4）：486-490.

［51］全峰，朱麟 . 海岸带生态健康评价方法综述［J］. 海南师范大学学报（自然科学版），2011（2）：204-209.

［52］Montefalcone M.Ecosystem Health Assessment Using the Mediterranean Seagrass Posidonia Oceanica：A Review［J］.Ecological Indicators，2009,9（4）：595-604.

［53］林波，尚鹤，姚斌，等 . 湿地生态系统健康研究现状［J］. 世界林业研究，2009（6）：24-30.

［54］刘文杰，许兴原，何欢，等 .4 种湿地植物对人工湿地净化生活污水的影响比较［J］. 环境工程学报，2016（11）：6313-6319.

［55］张雪琪，吴晖，黄发明，等 . 不同植物人工湿地对生活污水净化效果试验研究［J］. 安全与环境学报，2012（3）：19-22.

［56］Zhang H，Cui B，Ou B. Application of a Biotic Index to Assess Natural and Constructed Riparian Wetlands in an Estuary［J］.Ecological Engineering，2012，44（7）：303-313.

［57］Vera I，Garcia J，Saez K，et al.Performance Evaluation of Eight Years Experience of Constructed Wetland Systems in Catalonia as Alternative Treatment for Small Communities［J］.Ecological Engineering，2011，37（2）：364-371.

［58］董金凯，贺锋，吴振斌 . 人工湿地生态系统服务价值评价研究［J］. 环境科学与技术，2009（8）：187-193.

［59］王淑军，刘佩楼，王雯雯，等 . 人工湿地生态系统服务分类及其价值评估——以临沂市武河湿地为例［J］. 生态经济（学术版），2011（12）：375-378.

［60］沈万斌，赵涛，刘鹏，等 . 人工湿地环境经济价值评价及实例研究［J］. 环境科学研究，2005（2）：70-73+83.

［61］张依然，王仁卿，张建，等 . 大型人工湿地生态可持续性评价［J］. 生态学报，2012（15）：4803-4810.

［62］徐慧娴，李锋民，卢伦，等 . 人工湿地综合评价指标体系［J］. 中国海洋大学学报（自然科学版），2016（10）：106-115.

［63］许大全.植物光胁迫研究中的几个问题［J］.植物生理学通讯，2003（5）：493–495.

［64］Douglas A W，James E M，Patrick L，et al.Hydrologic Variability and the Application of Index of Biotic Integrity Metrics to Wetlands：A Great Lakes Evaluation［J］.Wetlands，2002，22（3）：588–615.

［65］Gross K L，Peters A，Pregitzer K S.Fine Root Growth and Demographic Responses to Nutrient Patches in Four Old–field Plant Species［J］.Oecologia，1993，95（1）：61–64.

［66］Stottmeister U，Wieβ nerA，Kuschk P，et al.Effects of Plants and Microorganisms in Constructed Wetlands for Wastewater Treatment［J］.Biotechnology Advances，2003，22（1/2）：93–117.

［67］尹永强，胡建斌，邓明军.植物叶片抗氧化系统及其对逆境胁迫的响应研究进展［J］.中国农学通报，2007（1）：105–110.

［68］王政，刘伟超，何松林，等.$AgNO_3$对菊花叶片不定芽诱导过程中抗氧化酶活性的影响［J］.分子植物育种，2019（19）：6489–6494.

［69］Dong B，Rengel Z，Graham R D.Root Morphology of Wheat Genotypes Differing in Zinc Efficiency［J］.Journal of Plant Nutrition，1995，18（12）：2761–2773.

［70］贝亦江，张世萍，杨帆，等.尿液水培蕹菜的过氧化氢酶活性及根系活力［J］.华中农业大学学报，2010（4）：494–496.

［71］张金浩，周再知，杨晓清，等.氮素营养对肯氏南洋杉幼苗生长、根系活力及氮含量的影响［J］.林业科学，2014（2）：31–36.

［72］Cabiscol E，Tamarit J，Ros J.Oxidative Stress in Bacteria and Protein Damage by Reactive Oxygen Species［J］.International Microbiology，2000，3（1）：3–8.

［73］陈昌生，王淑红，纪德华，等.氨氮对九孔鲍过氧化氢酶和超氧化物歧化酶活力的影响［J］.上海水产大学学报，2001（3）：218–222.

［74］刘云芬，王薇薇，祖艳侠，等.过氧化氢酶在植物抗逆中的研究进展［J］.大麦与谷类科学，2019（1）：5–8.

［75］付春平，钟成华，邓春光.水体富营养化成因分析［J］.重庆建筑大学学报，2005（1）：128-131.

［76］Holland J F，Martin J F，Brown L. Effects of Wetland Depth and Flow Rate on Residence Time Distribution Characteristics［J］. Ecological Engineering：The Journal of Ecotechnology，2004，23（3）：189-203.

［77］张志勇，刘海琴，严少华，等.水葫芦去除不同富营养化水体中氮、磷能力的比较［J］.江苏农业学报，2009（5）：1039-1046.

［78］田立民，王晓英.芦苇和香蒲对富营养化水体的净化效果［J］.江苏农业科学，2010（4）：409-411.

［79］金树权，周金波，朱晓丽，等.10种水生植物的氮磷吸收和水质净化能力比较研究［J］.农业环境科学学报，2010（8）：1571-1575.

［80］汪文强.几种水生植物对富营养水体的净化效果研究［D］.重庆：西南大学，2016.

［81］曹卫星.作物学通论［M］.北京：高等教育出版社，2001.

［82］徐智广，邹定辉，高坤山，等.不同温度、光照强度和硝氮浓度下龙须菜对无机磷吸收的影响［J］.水产学报，2011（7）：1023-1029.

［83］Haberl R，Perfler R. Nutrient Removal in a Reed Bed System［J］. Water Science & Technology，1991，23（4）：729-737.

［84］徐景涛.典型湿地植物对氨氮、有机污染物的耐受性及其机理研究［D］.济南：山东大学，2012.

［85］邱敏.太湖氮磷大气沉降及水体自净模拟实验研究［D］.广州：暨南大学，2017.

［86］包杰，田相利，董双林，等.温度、盐度和光照强度对鼠尾藻氮、磷吸收的影响［J］.中国水产科学，2008（2）：293-300.

［87］Kyambadde J，Kansiime F，Gumaelius L，et al.A Comparative Study of Cyperus Papyrus and Miscanthidium Violaceum-based Constructed Wetlands for Wastewater Treatment in a Tropical Climate［J］.Water Research：A Journal of the International Water Association，2004，38（2）：475-485.